王迎新 著

人文茶席

山东画报出版社

图书在版编目（CIP）数据

人文茶席 ／ 王迎新著． —济南：山东画报出版社，
2017.2
ISBN 978-7-5474-1945-8

Ⅰ．①人…　Ⅱ．①王…　Ⅲ．①茶叶－文化－中国
Ⅳ．①TS971

中国版本图书馆CIP数据核字（2016）第126483号

责任编辑　韩　猛　郭珊珊
装帧设计　宋晓明
主管部门　山东出版传媒股份有限公司
出版发行　山东画报出版社
　　社　　址　济南市经九路胜利大街39号　邮编 250001
　　电　　话　总编室（0531）82098470
　　　　　　　市场部（0531）82098479　82098476（传真）
　　网　　址　http://www.hbcbs.com.cn
　　电子信箱　hbcb@sdpress.com.cn
印　　刷　山东临沂新华印刷物流集团
规　　格　185毫米×260毫米
　　　　　　14.5印张　160幅图　120千字
版　　次　2017年2月第1版
印　　次　2017年2月第1次印刷
印　　数　1-15000
定　　价　75.00元

目 录

第一章　茶席如何人文

第一节 —— 003

一　人文茶席之定义 —— 003

二　何为茶人 —— 004

三　中国古代茶空间与茶席 —— 006

四　生命空间里的茶美学 —— 012

第二节　布席六要 —— 015

一　佳境 —— 015

二　吉时 —— 017

三　清友 —— 018

四　真茶 —— 020

五 良器 —— 022

六 初心 —— 025

第三节 茶人养成 —— 026

一 人文茶席之茶人品格 —— 026

二 做一个会泡茶的席主 —— 029

三 茶与茶席的关系 —— 032

四 习茶的韵律 —— 032

五 茶不需要故事 —— 034

第四节 茶席里的人文关怀与利他思想 —— 035

第五节 文人趣味与东方审美 —— 038

一 空灵与留白 —— 038

二 琴棋书画的生活化 —— 041

三 大道至简 —— 041

第二章 **茶席法式**

第一节 茶席基础图式 —— 047

基础茶席的设置 —— 047

第二节　行茶手法 —— 075

　　一　人文茶席行茶手法七式 —— 075

　　二　小壶泡手法 —— 078

　　三　盖碗手法 —— 080

　　四　行茶十二诀 —— 081

第三节　人文茶道茶会仪规 —— 085

　　一　谦和有礼 —— 085

　　二　专注有节 —— 086

　　附：茶礼探源 —— 087

第三章　**茶席之用**

第一节　色：墨分五彩 —— 091

第二节　器：五行之合 —— 096

第三节　度：善巧用物 —— 098

第四章　**茶器鉴别与运用**

第一节　茶席的趣味之眼 —— 105

第二节　慧眼与寻找 —— 108

第三节　有"茶味"的器物创造 —— 109

第四节　文人趣韵 —— 115

　　　　茶席中的明代小壶泡 —— 116

第五章　**茶席插花**

第一节　自成一格 —— 123

第二节　花的气质要与茶席吻合 —— 125

第三节　茶席插花的作用 —— 128

第四节　插花只能用"花"插? —— 130

　　　一　盆玩 —— 130

　　　二　菖蒲 —— 133

　　　三　苔藓 —— 136

　　　四　山花野草 —— 138

　　　五　户外插花的应变之美 —— 139

第六章 人文茶席上的茶点——华食九例

第一节　春三月 —— 144

一　晤春：紫糯米　牡丹花　橄榄油 —— 144

二　卷春：山东煎饼　地瓜干　橙皮 —— 146

第二节　夏五月 —— 148

一　山家清供：糯米粉　重油豆沙　松针粉　松籽仁 —— 148

二　九节隐者：石菖蒲粉　糯米粉　豆沙 —— 150

三　卷红颜：糯米粉　紫薯粉　玫瑰花脯　樱花糖粉 —— 152

第三节　秋 —— 154

一　笑东篱：黄菊　肉桂粉　面粉 —— 154

二　行香子　桂花露　香米 —— 156

第四节　冬 —— 158

一　梅花冻：绿萼梅花　紫薯 —— 158

二　醉金翁：南瓜　南瓜粉　青梅子酒 —— 160

第七章　**茶席之香**

第一节　草木真天香 —— 165

第二节　岁寒之香：松针 —— 166

第三节　茶畔但摘柏子焚 —— 168

第四节　花蜜借香 —— 171

第八章　**文会雅集**

第一节　筑境入茶：四季茶会与四时风物 —— 175

　　冬——茶烟茗香，梅影笑颜 —— 175

　　春——面朝大海，春暖花开 —— 180

　　夏——不忘初心，无上清凉 —— 184

　　秋——此甘露也，何言茶茗 —— 188

第二节　茶会之礼　方圆规矩 —— 194

第三节　茶会中器物的选择 —— 198

第四节　茶会宜选之茶 —— 203

第五节　茶事空间中的光影运用 —— 210

第六节　安住与坐忘 —— 213

第七节　茶人四心 —— 219

后记 —— 221

第一章

茶席如何人文

第一节

一 人文茶席之定义

茶席是以茶为中心，融摄东方美学和人文情怀所构成的茶空间及茶道美学理念的饮茶方式。它不仅仅拘于茶的层面，已经成为一种复兴与发扬中的生活美学。

人文二字，典出《周易》中"贲"卦的卦义："刚柔交错，天文也；文明以止，人文也。"意为：日月刚柔交错形成是天的文饰；文章灿明止于礼仪，是人类的文明。"人文"也特指人类社会活动所创造出来的精神、文化、理念及其所具有的价值内涵。

荀子说："水火有气而无生，草木有生而无知，禽兽有知而无义，人有气有生有知亦且有义，故最为天下贵也。"马一浮先生更说："国家生命所系，实系于文化，而文化根本则在思想。"茶事是在我们对于茶本身，从种植到品啜，从物质到思想的体悟过程，并在此过程中不断通过实践日益完善。茶人不仅要有清明之思想，广博之知闻，冲虚之胸襟；更在于亲手操持一水一器，"格"茶致知的实践精神。以茶汤作品为自己的言语，以茶席外貌为茶之内涵与人文精神的结合。空言妄语，不将理论结合于践行；或只注重程序的操作，未将心神注入其间，都难达化境，形神游离。所以，人文茶道艺术家需真气灌注，举重若轻，将数年甚至数十年积累化在一瓯茶汤中，化在器物的抉择与妙配中。

茶席不是茶事活动中最终的结果，而是通过外在具有设计感和实操感的唯美形式，展示茶道艺术家富于灵性与人文情怀的创作，引发人们对茶事的热爱、对茶之美的体悟与介入，从而形成当代中国茶事美学的丰沛土壤与根基。

二 何为茶人

今日之茶人已不仅仅是特指在茶行业工作的人士，更多的人把研茶、习茶当做一种生活习惯，一种文化习惯。

藉由茶，独与天地精神相往来，领会山川万物之美，体悟神游物外的酣畅淋漓。因敬茶而兴茶礼、知茶仪规、熟悉茶汤的表现；因茶而吸纳更多门类的知识，并把传统文化融和于现代生活的日常中；静可一人体己独饮，群可举众设茶席、举雅会，在

雅
不求喧嚣，以文心事茶。天地幽人首务。

朴
茶事宜俭宜朴，行茶手法摒弃花巧，注重实
用协调，朴素自然，圆融无碍。

真
务实求真，不苛求茶品的珍、奇，平等认真
对待每一种茶类、每一种茶。不苛求茶器的珍、
奇，养成自己审美的能力与眼光。

静
安住茶间寻得安定与忘我、忘他。由茶出离，
得心性通达，神气爽朗。即使身处城市楼宇
亦有栖隐山林之逸。

茶事实践中体会生活的美学，体悟生命的繁茂雅致，体会为善之道，为人文茶席的初衷所在，亦为茶人汲取生命养分的源头活水。

中国人是最早发现茶、种植茶和利用茶的，中国的茶文化是旷达的，注重内在的精神，自由与灵性。几千年来，中国人并没有拘泥于茶的单一饮用法，也没有拘泥于哪一种固定的手法。中国的茶类是丰富多彩的，每一种都奇妙无穷，都值得我们去探索它的秘密。对茶探索、了解的过程往往比结果更为重要，因为我们在这个过程里同时熏染自己的心性完善自己的人格与行为，茶是"格物致知"的途径，将会使我们生命里的某一段路，因为它的存在而摇曳多姿，充满美与勇气。"白牛之步疾如风，不在西，不在东，只在浮生日用中。"

我相信，藏在茶中的我是一个自由的灵魂，可以飞翔，充满灵性，知晓自己的过去未来及当下。我知道茶会打开的美妙窗口，过往的先贤，我们当下的身心，我们的儿女甚至孙辈，都曾或将在这条路上行走，在血脉中感应到与生俱来的安定与豁达，在有生的味觉、嗅觉、视觉之间迎接无限之心的愉悦。

三　中国古代茶空间与茶席

茶席一词是近代才出现的。但这样的吃茶形式早在古代就已经有了雏形。在我们能搜寻到的文字记录中，关于茶叶的产地、风俗以及茶引发的幽思是最多的，关于茶境、茶席的描述也隐藏在其间，但"茶席"一词与概念在古代是没有的。

早在唐代，吕温的《三月三日茶宴序》里有"三月三日，上巳祓饮之日也。诸子议以茶酌而代焉。乃拨花砌，憩庭阴，清风逐人，日色留兴。卧指青霭，坐攀香枝。闻莺近席而未飞，红蕊拂衣而不散。乃命酌香沫，浮素杯，殷凝琥珀之色，不令人醉。微觉清思，虽五云仙浆，无复加也。座右才子南阳邹子、高阳许侯，与二三子顷为尘外之赏，而曷不言诗矣。"这篇关于上巳饮事的记录，对茶境、茶盏、汤色有了直接的描写。

南宋赵佶的《文会图》是中国古代宫廷茶宴的一个范本图卷，场面开阔而风雅。童子准备茶汤的区域非常专业，从储水器到炉，到水注子、杯盏，可谓一应俱全。不过，图中的席似乎以点心、水果为要点，茶与饮茶的盏从陈列的位置来看，还属于辅助区域，有茶席、茶会的雏形，并不是纯粹的清饮。宋的开阔典丽在这场文会中可见一斑，元以后对茶境的描绘中，更倾向于幽致深邃风味的营造。

元代杨维桢的《煮茶梦记》中"铁龙道人卧石林，移二更，月微明，及纸帐梅影，亦及半窗。鹤孤立不鸣。命小芸童汲白莲泉，燃槁湘竹，授以凌霄芽，为饮供。道人乃游心太虚，若鸿蒙，若皇芒，会天地之未生，适阴阳之若亡。恍兮不知入梦，遂坐清真银晖之堂，堂上香云帘拂地，中著紫桂榻，绿琼几，看太初易一集，集内悉星斗

文焕煜爥熠，金流玉错，莫别爻画。"文间就可以看出元代人对吃茶空间的考究。所谓"纸帐梅影"，古人喜设纸帐，帐内置梅花一盆，待点起烛光，将梅花枝干、花朵都投射在纸帐上，梅影还会随烛光胡摇曳而微微有飘移之感，营造出的意境可谓美轮美奂。再用白莲泉水瀹凌霄茶，光影自成诗画，不饮自醉。

到了明代，才子冒辟疆在影梅庵中却是以白色团扇设菊帐，让大病初愈、"人比黄花瘦"的董小宛在其中摇曳掩映；姬扶病三月，犹半梳洗，见之甚爱，遂留榻右，每晚高烧翠蜡，以白团回六曲，围三面，设小座于花间，位置菊影，极其参横妙丽。始以身入，人在菊中，菊与人俱在影中。回视屏上，顾余曰："菊之意态足矣，其如人瘦何？"至今思之，淡秀如画。梅帐与菊帐，都是借光影造景的经典，在茶空间里，我们不仅仅可以借灯光、烛光，还可以借助自然中的日光、月光来为茶席添自然而富于韵味的变化。

明代的政治风气的影响下，更多的文人把心力投入到茶事上来："构一斗室，相傍山斋（或书斋），内设茶具，教一僮专主茶役，以供长日清谈，寒宵兀坐，幽人首务，不可少废者。""茶寮"就是在这个时期成为文人茶空间的标配。在苏州博物馆看沈周的《东庄图》，茶寮一图就描绘得非常细致，不仅可以看到散茶的冲泡茶器，连唐代点茶的器物都在其间，《东庄图》绘的是沈周同时代的一位多金雅士的园子，主人亦多"尚古之心"。而仇英描绘北宋司马光的《独乐园图》不仅细绘了司马光"其

中为堂，聚书出五千卷，命之曰读书堂"。还有"弄水轩""钓鱼庵""种竹斋""见山台"等等一如《独乐园记》所述，唯图中并未见茶寮踪影，原来仇英绘的是宋时图景，彼时茶寮确实还未独立园中。

关于茶器的种类，明朝张岱《闵老子茶》中还有这样的文字可见一斑："汶水喜，自起当炉。茶旋煮，速如风雨。导至一室，明窗净几，荆溪壶、成宣窑磁瓯十余种，皆精绝。灯下视茶色，与磁瓯无别，而香气逼人，余叫绝。余问汶水曰：'此茶何产？'汶水曰：'阆苑茶也。'余再啜之，曰：'莫绐余！是阆苑制法，而味不似。'汶水匿笑曰：'客知是何产？'余再啜之，曰：'何其似罗岕甚也？'汶水吐舌曰：'奇，奇！'余问：'水何水？'曰：'惠泉。'余又曰：'莫绐余！惠泉走千里，水劳而圭角不动，何也？'汶水曰：'不复敢隐。其取惠水，必淘井，静夜候新泉至，旋汲之。山石磊磊藉瓮底，舟非风则勿行，放水之生磊。即寻常惠水犹逊一头地，况他水耶！'

又吐舌曰：'奇，奇！'言未毕，汶水去。少顷，持一壶满斟余曰：'客啜此。'余曰：'香扑烈，味甚浑厚，此春茶耶？向瀹者的是秋采。'汶水大笑曰：'予年七十，精赏鉴者，无客比。'遂定交。"

这里，闵汶水老先生专门吃茶的地方，"明窗净几，荆溪壶、成宣窑磁瓯十余种"。可以算是当时嗜茶人的茶空间，亦是明代茶寮的写照。荆溪壶、成宣窑磁瓯已是当时器中制作精纯者。文字间还可以读出对水的要求，小壶泡茶的手法，从香气滋味上对春茶秋茶的鉴别判断，主人与吃茶之人都是高人，才有这一问一应的对答。

善画竹的清代著名书画家郑板桥在题画诗里有："几枝新叶萧萧竹，数笔横皴淡淡山。正好清明连谷雨，一杯香茗坐其间。"细读诗句，在茶之前，我们看到的是竹枝新叶，淡淡远山，茶境若画才引出聚合山水精神的茶汤。这也是中国人对于茶的理解，开阖有度，山川草木收于一瓯，一瓯间又可映照天地万物。

中国人的茶空间不是固定的，是以精神形态为审美的至高标准，以神游物外作为茶事的最终意义。天地山水、瓦舍斗屋都可以作为我们吃茶佳所，清风竹影、流水梅韵都是一席茶间的映射。人文茶席，怀抱人文情怀，把茶作为我们"格物致知"的对象，从中追寻生活的善与美，追寻生命的意义。

四　生命空间里的茶美学

朱良志先生在《南画十六观》里关于文人画有这样一段话：文人画致力于创造一种"生命空间"，"生命空间"是一种绝对空间形式，是"不与众缘作对"的。我们知道，任何事物的存在都是关系性的存在，但关系性存在反映的是物质关系。而文人画要呈现的不是一种物质关系，而是一种生命境界。

这一段话其实也非常适用于人文茶席，茶席间不同的茶叶、器物、人、境的关系看似物质，实际上却是精神层面甚至生命层面的关系。器物可以折射茶人不同的心境，荒寒、茂盛、热情、冲淡，不仅仅在色彩和器型上无声地表达着，连每一个器物间摆放位置的远近疏密也都是明白不过的表述。当这席间最具体而又最抽象的部分——人，甫一落座，整个茶席空间就无比生动起来。怀山抱海，亘古之山，回旋之水，春色缤纷，冬雪凝含，一动行云，一默如雷。这样的境况无疑是生命空间里形神不二的写照。

　　在这样的状态之中深深入定，其实已脱离了习惯上对茶席既定模式的理解，包括茶盏数量的非此即彼，包括席布使用与否的纠结，甚至器物本身精贵程度的较量都退而其次，一人一汤便是当下，茶汤自口入心，落至江河湖海，人却安稳如山。气韵天成之时，似乎也不必去妄谈什么以茶修行，以茶修心。无意识修为，或许才是真修。当生命可以以无意识的状态践行到有梦想的茶汤中，这样的片刻通心、通天地、亦可通禅。

第二节

布席六要

一 佳境

煎水吃茶、起席执盏本为兴之所至之事。心念动时,千山明媚,河流含笑。身为茶人,不可不因时而动,又不可不择境而为。

山水自然,风声雨润。一草一木皆在有情世界,一颦一笑都无为至善。偶有前夜细雨,稀稀落落直到天明,教人担心昨日看好的吃茶地摆不开席、煮不了茶。谁知道,上午辰时过后,天光便逐渐放晴。原来那是群龙行雨的时辰界限。此时再观山中古寺的窗外,山野草木,尘埃涤净。雾霭青白,为山风散淡。鼻嗅清凉湿润之空气,胸销块垒羁绊。引火起炭,烟火里散着松针的清香,山泉在银壶底由无声渐至细雨碎铃般松涛起伏,候汤的时间,雨滴还自树梢滴下一两点。出汤时,磬声遥来,却无僧影。

这尘中席吃的是方外茶，贵在境幽。茶反而不是十分讲究了，虽是平常茶叶，在此间也多了云水气息。

有时为条件所限，在城市中辟一静地，方寸间有竹影、有梅蕊，亦为清境。天空瓦蓝，在高楼间分割成块。清风却不唐突，曲曲折折地吹来，墙角的紫竹叶片摩挲，坐在茶屋中亦与婆娑红尘欲近反远。这样的方寸茶境虽无辽远之旷达，却需有旷达辽阔之胸襟，方能窥破外相，稳住心神。管他城中喧哗，我自安然吃茶。

墙壁粉白，毋须更多的点缀；一幅条屏，意境散淡疏离的更为合宜。文字不一定非要提到"茶"，尤以"禅茶一味"为大俗。禅、茶可融一水、可千里之远。世间几人懂得？几人悟得？妄自挂了这四个字，行的苟且事，也不知惭愧，实为茶人大忌。

设席吃茶之境，宜山间、溪畔、古寺、松下、竹边、秀屋。

二　吉时

不是所有时辰都适宜设席吃茶的。

清晨，万物生机活泼，人体静后思动，正是活动筋骨或投入劳作的时候。即使是闲人，这个时刻也正是洒扫家舍、修剪花枝，此间光阴殷勤，人也多思遐想，难入静境。午时阳气极盛，饱餐之后人易感困乏，适宜稍事休息或午睡半个来小时以养护阳气。

晚餐后是一日里最为松弛的时候，很多人习惯在饭后立即喝茶，但恰恰对肠胃消化有副作用，所以我们提倡饭后 40 分钟以后开始喝茶比较好。

晚上子时，就是夜里 11 点到次日凌晨 1 点，这个时间是"胆经当令"，少阳胆经最旺，是骨髓造血、胆经运作的时间，胆汁推陈出新。如果在这时胆气能生发起来，对身体大有益处。一般在子时前入睡的人，第二天醒来后，头脑清晰，面色红润。如在这个时候还贪杯喝茶，那就非常不利于养生了。

同时，在二十四个节令里，亦有不少适合吃茶的时节。在中国古代的诸多书籍如《遵生八笺》里就有对应的描述，都是告诉人们如何顺应天时及自然规律来生活起居饮食的。

三　清友

吃茶择友，和择茶一样重要。

有的人很难在茶席间安定地坐下来，静心看你起炭煎水，等待你为他奉上一盏悉心准备的茶汤。即使茶汤摆在了面前，他也会和你讨论着与茶毫不相干的事情，工作中的困扰，人事的纷争，无关的八卦，茶汤在话语中凉了，失去它最初美好的韵味，变成了解渴的汤水。

诚然，我们是生活在红尘俗世里的凡人，无力避免柴米油盐的操劳、情感的困惑。茶人也会有种种烦恼，也会在茶席之外面临无数要处理的事务。但在茶席上坐下来的时候，一定要将自己的世界缩小到一席茶间，同时又放大到无垠的茶世界里。

那么，和你一起吃茶的人，亦要有能力进入到这样的氛围中来，不管是主动或者是在席主的引导下，逐渐进入，才能体会当下茶汤的真滋味，体会生命中放空的瞬间。人生那么短，我们为什么要急着奔向终点？人生那么长，为什么要吝啬给自己一盏茶汤的时间。或许，我们许久没有静默地倾听壶中水鸣的声音，就如同清风梳过竹林，那么纯粹而美好。我们如何才能保有这样的能力，体会天籁与宁静。

所以，吃茶时的选择一位或者几位清友很重要，它甚至能决定我们这席茶的成功与否。

四　真茶

所谓"真茶"，是指在良好的生长环境中，以自然界里的天然腐殖质或农家肥为养分，无农药化肥之侵扰及残留的茶树所采摘之茶叶。

指在适采的季节里以正确的采摘方式所采摘的茶叶。现在，有的茶树被人为地采摘过度，致使茶叶的内含物质不够饱满，品质下降。

指粗制及精制的工艺，科学、到位，卫生的茶叶。一些传统茶区还保留着传统的制作工艺，以古法进行茶叶的粗制，留存了该地区茶叶的地域工艺特点。但也有一些"改良"后的制作方式，使得茶叶失去特有的个性。

指存储良好。一款前期都非常完满的茶叶若在存储中受到湿度过高而导致霉变、异味侵袭等，都会改变它原有的风味，严重的还会影响饮者的健康，失去品饮价值。

五 良器

茶席上对于能泡出好茶汤、喝出好滋味有助力的媒介方可统称之为良器。

煮水壶、瀹茶器、匀杯、茶盏属于直接作用于茶汤的器物，它们的质地包括胎土、釉水、器型，是否手工制作，都将会直接影响到茶汤的滋味。而水是其间非常重要的媒介，在某种程度上，它决定着一款茶汤的成败。择水是一门专门的学问，也是茶人需要着力研究的功课。

茶匙、茶则、水盂、壶承属于功能性器物，其质地、造型的是否顺手适用，作用于茶人事茶时的流畅。

花器、香器、席布承载更多的是审美功能，为茶席提供立体而丰富的审美空间。吃茶不仅仅是味觉的审美体验，更是嗅觉、视觉及听觉的综合性体验。花器、香器、

席布虽然不直接作用于茶汤，却会在精神上给予我们愉悦。

所以，根据不同器物所扮演的角色去选择它们应该具备的气质、个性以及功能性，才是最适合人文茶席之用。

六　初心

分享是人类的美德。事茶的人以茶会的形式，通过选择环境、人、茶、器，共同构成一次有主题的茶事活动，以清晰而丰富的文心贯穿其间，发起的初心美丽而慈悲。

吃茶的时候，我们的心情是单纯而洁净的，就像是清晨第一次见到草叶上的露珠，透明或许还带着微微生涩。我们恭敬地对待自己、对待茶，对待有缘一次同饮的人。这一席茶后，山高水远，茶与人，也许从此就不再交会。专注中有初心，细啜中有初心，童真一样的笑颜，会让茶汤完美，让我们的愉悦从茶盏间飞翔于无垠的碧天之上。

第三节

茶人养成

一　人文茶席之茶人品格

独立、谦逊、博闻、包容

树木生长于大地，得阳光雨露厚爱，得土壤养分滋养，十年树木，伟岸成材，可谓养成；茶人在尘世中，承古纳今，在茶之内习听自我清净之音，在茶之外体悟世界万物之和谐合奏，亦如树木于山野中的生发成长，需要在漫长的时日中成熟完满自我，同时需要保有独立、谦逊、博闻、包容之品格。

独立　保有清晰的思想与思考能力，保有茶人尊严，保持独立之个性。

纷扰世界，各种信息随时涌至眼前，其间亦良性的亦有负面的，有真知也有伪知识。网络之快捷，给了信息传递最好的可能性，自媒体在张扬个性的同时也会带有某些知识传播的不严谨性。如何在其间正确筛选过滤，寻找到可以学习的善知识、真知识，就需要我们具有清晰而独立之思考精神。

在不远的未来，茶人是一个高尚的名字，一个具有尊严和自豪感的称谓。中华之茶人是具有人文大爱、具有实践精神、具有独特审美能力和丰富创造力的族群。

茶人的尊严是每一位茶人自己树立起来的，从专注、专业事茶的态度、从茶道美学空间的点滴营造、从对美与善的领悟中，为自己赢得的。在红尘中行走，我们的身影或许偶尔孤单，却从不缺乏坚定。

谦逊　知晓世界之大，小我之微小，在漫长的生涯里，无论环境与际遇如何改变，始终保持不断学习的热情，保持虚心的接纳精神。

我们无法预知，在未来的岁月里要承受些什么，或许有长长的惊喜，或许是无法回避的痛苦。富贵或者清贫，喧嚣或者孤寂。假若生命里的每一个经历我们都无法回避，那么，何不坦然地接受一切？只是，在任何时候，我们都要保有自己鲜活的热情，去探索未知的可能，去寻找沿途中随时可能收获的美丽。

谦逊不等同于谦卑，作为一个富于灵性的个体，我们不必低到尘埃里，谦逊是懂得分寸的接纳，是有着风骨的接纳，有儒素之风的虚怀。

博闻　集纳知识，打开眼界与心胸，寻找"正"的方法与经验，融会贯通，并通过自己的践行，融合到茶事中来。

事茶的人不一定每时每刻都盯在茶上，那么多有趣、美好的事物在我们身边或者远方生长繁衍，等待我们去收获它的不二之美。

我们可以在博物馆远古的陶瓷器，寻找器物美的共性与线条，可以在北魏古石窟前拜观菩萨造像的爱与美，在泰山的山岳上赞叹经石峪上镌刻了千年的大字《金刚经》；还可以在西双版纳的村落里的菩提树下捡一片金黄的菩提叶，在制手工纸的人家，为自己抄一张特别的菩提手工纸，在普罗旺斯的老庄园里啜一口葡萄酒。

而所有这些都会丰富着我们的心灵与身体，让我们更能有细微的观察和被感动的能力。当我们再回到茶席边安坐，愈加能够体味到一盏茶间可能蕴含的温柔力量。如同当初在善化寺的大雄宝殿里，梁思成和林徽因在暮色中对着殿里塑像的感叹："在大同善化寺暮色里，同向着塑像瞪目咋舌的情形，使我愉快得不愿忘记那一刹那人生希有的由审美本能所触发的锐感。"

包容　广博的人才懂得包容，懂得慈悲。心存善的人才能看见美好，才能在事茶的过程里体会惜茶、惜物、惜人的情怀，才能包容接受不完美之茶之事，并通过自己的努力去使之逐渐完善。

没有一个人是完美的，也没有一款茶是完美的。学会懂得、接纳，当面对一款不完美的茶，认知它的与生俱来的优点与缺点，学会用自己的冲瀹手法，使之变得更加美好，是一件更为有意义的事情。

二 做一个会泡茶的席主

作为一个茶人，绝不仅仅要会巧妙地设计茶席，挑选席的背景，会收集各种茶器，着一袭素雅的茶服，更为重要的是会泡茶。

泡茶两字说来简单，实际是门内容深厚并值得尊重的学问。会泡茶的人首先一定是一位热爱茶的人，他熟知不同茶类的性格特点、生长环境、制作工艺、储存要求。甚至亲自走访过这些茶山，在顾渚山看过谷雨后的紫笋发芽，在景迈古茶园嗅过冬天的茶花香，在武夷山守着大红袍在焙笼中逐渐"走水"。有的茶，你一定要走到它生长的土地上才会了解，一定要看过他制作的过程才会理解，要喝过当地人泡的这款茶你才知道自己应该如何在茶席上用自己的手法把它诠释到最完美！

因为真心热爱，会泡茶的人会在一人独处的时间里，认真地布一个席，起一炉炭，煮好一壶水，选只最小的壶，仔细体味茶汤的厚度，记住最佳的出水点。选最小的壶，是为了不浪费茶叶，其实，小壶也是集聚香气的利器，明代明代冯可宾《茶录》中就写道"茶壶以小为贵，每客小壶一把，任其自斟自饮方为得趣。何也？壶小则香不涣散，味不耽阁。"当然，在冯可宾时代，一个人一只壶，壶是泡茶器，也是饮茶器。

叶茶的泡茶法在明初以后才开始普及，明后期张源的《茶录》里有藏茶、火候、汤辨、

泡法、投茶、饮茶、品泉、贮水、茶具、茶道等篇；许次纾著的《茶疏》有择水、贮水、舀水、煮水器、火候、烹点、汤候、瓯注、荡涤、饮啜、论客、茶所、洗茶、饮时、宜辍等篇，可以说《茶录》和《茶疏》是古代泡茶道的基础模式。尔后程用宾的《茶录》，罗廪的《茶解》、冯可宾的《岕茶笺》、冒襄的《岕茶汇钞》。这些茶书里都记录了当时的茶品、品饮法以及相关的门类。明嘉靖年间陈师的《茶考》有："杭俗烹茶用细茗置茶瓯，以沸汤点之，名为撮泡。"撮泡法与我们现在的冲泡法已经一致无二，一直延续至今，是茶席上运用最多的方式，几乎在各个茶类中均可适用。

不过，简单直接的撮泡法未免缺乏了唐宋点茶和煎茶那样的行茶仪式感，所以陈师在上面那段文字后面又接着写道："北客多哂之，予亦不满。一则味不尽出，一则泡一次而不用，亦费而可惜，殊失古人蟹眼鹧鸪斑之意。"在古人眼底，吃茶的精神意味、审美价值甚至已经超越了茶本身。

如今，茶叶品种非常丰富，我们可以在了解茶品特性的基础上仔细研究冲泡法的细微差异，从器物到手法，从形式到心法，探索更多的可能性，借助茶席这一个综合的审美平台，真正的会"泡茶"。

三 茶与茶席的关系

有人问我，茶和茶席有什么关系？

我想它就如同书本和学校的关系。我们读书不一定需要在学校里面，但学校一定是给书本一种仪式感的地方，两者并不是非此即彼。我们在庄严的寺院里参拜宝相庄严的佛像，寺院也是给我们未悟人仪式感的地方。

经由外相，我们到达内核，到达茶汤最美的核心。没有茶席我们一样可以喝茶，有了茶席我们给茶更细致体贴的关照，其实是在关爱我们自己偶尔浮动的心性。仪式感有的时候会让我们更为尊重事物、尊重茶，从而尊重自己。

四 习茶的韵律

习茶不是在较短时间就可以速成的。它将会是一个漫长而趣味叠现的过程，可能是十年，也可能是一生。

对茶叶知识的认知，慢一些远比快要科学得当。有的课程在短短两三天里让学生喝几十种茶，平均每天近二十款茶是不妥当的。茶叶是一种食品，任何食品过量对身

体都有害无益，白开水过量一样可以喝坏身体。不论是相对温和全发酵的红茶还是水浸出物较高的普洱生茶或者绿茶，在短时间内大量饮入都有身体不能承受之重，并且失去评鉴茶汤的美感，并会令味觉受损。

要成为一个茶行业从业者，迫切学习的心态可以理解，但身体远重于事业。速成的训练，可以快速认知，却并不能根深蒂固地加深你对茶叶的理解。对茶汤美学的鉴别，应该是在一定时间段，在身体感官得到充分修复调理，味觉、嗅觉敏锐的前提下来进行的。那种一堂课内喝茶无度，甚至喝到吐的方法并不可取。

而对于一位热爱茶的人来说，更应该给自己足够的时间来了解一款茶，并借着茶汤了解自己。同一款茶，我们在不同时间、不同地点、与不同的茶侣，用不同的水，不同的煮水方式来分辨其间的种种微妙。这个时间或许漫长，但却是在茶汤里学到了舌面辨别之外的美感。

所以，习茶的节奏要有计划、有规律。起承转合都要尊重身体、尊重茶。学茶的人要懂得，教习的老师更要明白。

五　茶不需要故事

一次泡茶的时候，有位女孩要求我讲正在冲泡的这款的茶的故事。短暂无语。

很多人或许习惯了在茶叶店或茶叶市场听故事，每一款茶的故事越古老离奇越好。我们为什么要相信别人的嘴巴而不相信自己的呢？茶是用来喝的，苦涩甜甘是落在你自己的舌头上喉咙里，干卿何事？年份久远的茶因稀少而珍贵，那是因为你在其间喝出了时间空间赋予的沧桑，你懂得那一点苦涩是不肯褪去的青春旧梦。若换成故事，那味道已然不是这般。要是讲故事的人再有一点点杂念，离奇的就不仅仅是茶了。相信自己的味觉、嗅觉，茶席上其实不需要故事。茶是平等的，每一盏茶汤本身就是传奇。

第四节

茶席里的人文关怀与利他思想

中国传统意义上的人文精神，始终从一种伦理化的人文世界观立场看待世界和人生。人文关怀，核心在于肯定人性和人的价值，要求人的个性解放和自由平等，尊重人的理性思考，关怀人的精神生活等；也是指尊重人的主体地位和个性差异，关心人丰富多样的个体需求，激发人的主动性积极性创造性，促进人的自由全面发展。

茶是我们与世界沟通，与他人交流的媒介，茶席是其间的桥梁。我们藉由茶传达人间最朴素本真的善与美，人文关怀是很重要的概念。它无形，但却时时刻刻融在我们事茶的一点一滴里，融在茶人的举手投足间。有的时候，茶席的创作程度不亚于一幅绘画作品或一个装置艺术，同样需要茶人怀抱创作的热情，熟稔亲力亲为的朴素执着，注入无尽的想象力。但它与其他艺术不同的一点在于，茶席的设计创作必须具有利他思想，具有实际的人文关怀；行茶的过程像是艺术的后创作，更是人文关怀之亲

身践行。因为，我们的茶汤并不仅仅是泡给自己喝的。

　　每次茶聚对于茶和茶空间的选择一定是根据季节、地点、参加者和养生的角度来确定的。养生是人文关怀里一个很重要的概念。茶空间的温度、湿度、灯光，日光的照射角度，坐具的舒适，草木花卉的高度、气味都是需要考虑的细节。春天的茶会，有的人可能会对某些花草的花粉过敏，在选择空间用花、茶席花的时候就要懂得避免去选花粉密簇的花朵品类。有的席位在茶会开始的时候刚好会被窗外的阳关直接照射到面部，让客人不能安心吃茶。桌席的尺寸，冬天，我们会选择熟普洱茶、有年份的生普洱茶或者乌龙茶、红茶。因为要顺应冬季"宜藏养"的自然规律，这些茶性比较温暖，可以在寒冷的季节调养、温暖饮者的身心。我们茶席的主题也是在此基础上确定的。茶事，以人为本，以茶汤为媒介，让我们达到一种对生活美学的探究。

第五节

文人趣味与东方审美

一 空灵与留白

茶席中的虚实之美

在国人的审美里，一帧没有留白的画、一首平铺直叙的诗无疑都是乏味的。王国维先生在《人间词话》里认为文学艺术境界有"造境""写境"与"有我之境""无我之境"，这四种境地，概言之也无非是对虚与实分寸的把握。

其实，一席茶亦是一场虚实相间、声色味触的"游戏之艺"。

茶席中，虚的是其间的精神、韵味，实的是可握可赏的器物或者茶叶、花枝。事茶者的手法、一招一式皆为茶汤所御，是实实在在的体用；事茶过程中的专注、无我，是最宝贵的心悟。这是虚与实。主泡器、匀杯、茶则、茶匙，是低调沉默的服务者，将个性主动淹没在茶席的大前提中，也是最实的物件。

茶盏是品茗者的桥梁，藉着它，完成茶事中主客的沟通，在这座桥梁上通过的，不仅是最美妙的茶汤、最妙曼的香气，还有闲云野鹤、山川云林。而这些，在不同的饮者口中和心底，有着一千个演绎的版本。这是茶事中"务虚"的部分，亦是重要的一环。想一想，假若失去这样无可捉摸的、漂浮不定的乐趣，那感官的存在还有什么意义？

于是，我们在席主升起的炉火中回到松风竹炉的惠山寺，在执扇的摇摆里，因清凉意境而遥念"惠风和畅"的"修禊事也"。当然，壶中的水终于沸开，虽然看不见，我们亦在心里早把蟹眼、鱼眼、虾眼过了个遍。当滚热的茶汤携着幽深的香气在鼻底、口唇升腾，确是不可不饮。

过于"实"的茶席，未免缺乏生动，失去意韵。有的茶席席布、茶壶、茶盏等每一个物件都中规中矩，摆位毫无差池，一看就知道是经过训练的。乌龙茶如此，普洱茶如此，老白茶也如此，最多换一个主泡器。乍一看，这样的茶席似乎挑不出毛病了。像是学校里听话的小学生，是让老师家长省心的乖孩子。但毕业多年后，一个班级中往往最出色的反而是那些昔日的"淘气包"，什么缘故呢？当他们面对社会，应变能力与富有灵性的创造力才是更为重要的。

茶席如是，学习一个模板式的设计并不太难，茶器不是太昂贵的，大凡都可以买进，

也配得齐各种色彩的席布。要在其间进阶提升，是务"虚"的难点。缺少的是一种"化"的能力。

提倡自创境界的王国维先生曾说："非自有境界，古人亦不为我用。"他用诗词做比喻："楚词之体非屈子之所创也。沧浪凤兮之歌已与三百篇异。然至屈子最工。五七律始于齐梁，而盛于唐。词源于唐，而大成于北宋。故最工之文学非徒善创亦且善因。""善创"不仅仅适用于文学，对许多事物都是一样的灵性之源。

习茶的人，不妨把自己看作是一位正在摆脱模板与习气的匠人，走一条可以蜕变的路，领会茶席间的虚实之美，并且去把握住它。

二　琴棋书画的生活化

在人类的生活里，琴棋书画的生活从来不仅是一种精神上的向往，更多的其实是一种常态。

从中国到日本到欧洲，平安稳定的时代，人们对生活品质的追寻会越发朝文化靠拢，诗歌、绘画、音乐、雕塑融在生活的每一处。紫式部拈的香，唐代风格的建筑，巴黎街头随处可见的雕塑，寻常人家门头上的汉白玉石雕，荡漾在诗歌里的塞纳河，沈周《东庄图》里尚古物件齐全的茶寮，陈老莲案头开片的汝窑花尊都是。当一个地区或民族，将这些看似不是生活必需的事物都做为生活里的常态，其实从另一方面反映着平安、富足、稳定的生活，反映着俗世间衣食足饱后对艺术和自然的亲近。

三　大道至简

中国画的审美，最能体现东方的审美特征。简与繁是艺术表现的不同形式，并没有对错。中国人用线条与单色墨描绘的世间万物绚丽至极。墨梅与朱砂竹，是自然界

里并不存在的品种，风致却胜于真的竹与梅，是画者高度提炼的简之道。

绘事后素，素即减法、即简。茶席上亦如是。

初习茶者，往往把自己搜罗的各自宝贝都想摆到席上，席布叠席布，壶承加壶承。还有些"靠近"主题，其实和茶并不相干的物件，书籍、雕塑、假花等等也摆上席面。不仅累赘繁琐，还会干扰行茶的便利。茶席的主题设计取的是意而不是形，譬如一次名为"清凉"的茶会，大可不必把这两个字大书其间；一次主题"冬至"的茶会，也不必平铺直叙，梅、雪、松枝可能都是冬日况味的代言者。

简素的席面，如同中国画里的透气留白，令主泡区域聚风聚气，令行茶人更为专注无他，留白是茶席的方便法门，也是审美的至高境界。

茶席法式

第二章

第一节

茶席基础图式

基础茶席的设置

茶席没有固定的模式，但是有从人体工程学、实用的科学性来说最基础的一个构成模式。在掌握茶席布局的规律之后，茶人可以结合自己的行茶习惯、茶席设计思路做相应的调整。

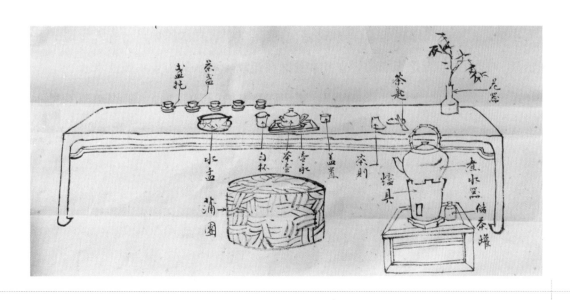

茶席的上所有器物的存在都是为茶和事茶而设置的。所以物件的摆放一定是根据事茶人的操作习惯和经验来布局。这里的"茶席基本布局图"是让大家可以清晰地看到一席之间的器物各安其所、各司其职。

冲泡器在一席茶间稳占"君王"之位，因为它是事茶时最关键重要的器物。为了便于操作，这个位置是正对席主的。

如同我们在抚古琴时先要找到自己与琴对应的位置，事茶时席主与主泡器也有莫名的关联，既有怀山抱月之气势，又要有体贴入微的细致。

炉具

炉具是事茶的基础茶器之一。古代茶事中是使用风炉来煮水。风炉有用泥制也有铜、铁金属铸造的。明末文震亨《长物志》里称：茶炉汤瓶"有铸铜饕餮兽面火炉及纯素者，有铜铸如鼎彝者，皆可用"，说的就是用铜铸带有饕餮纹样的火炉。泥制风炉的泥料和型制与各地的风土民情，吃茶习惯有关。江西一带是白泥炉，潮汕地区是红泥小炉，云南少数民族茶区有铸铁小炉，都是以明火煮水的炉具。古人所谓"活火煮活泉"指的是用有焰无烟的炭来煮本身即在流动中取来的山泉水或江水。

现代较常见的为光波炉、电磁炉、酒精灯及电炉，方便快捷，但因热源不同，加热方式不同，对水质也有不同的影响。明朱权《茶谱》说："用炭之有焰者，谓之活火。

当使汤无妄沸。初如鱼眼散布，中如泉涌连珠，终则腾波鼓浪，水气全消，此三沸之法，非活火不能成也。"古人之所以讲究水的沸腾程度，是为了取其最佳的状态下来泡茶。我们今天用现代的炉具，也一样可以通过观察水升温的快慢、沸腾的程度来掌握水温。

炭品

橄榄炭（及枣核炭）

潮州有茶房四宝："玉书碨""红泥炭炉""孟臣罐""若琛瓯"，其"红泥炭炉"中用的就是"橄榄核炭"。橄榄核炭取乌榄剥肉去仁，核入窑室烧，烧制后色泽莹黑乌润。燃烧后火力舒缓有致，隐隐有"炭香"，但制作复杂，据说五斤橄榄核可烧得一斤橄榄核炭。橄榄炭煎水，水活而有灵气，适宜冲瀹岩茶、单丛、普洱老生茶。

菊花炭等高温炭

选用密度高的木材如橡木、柞木等，经过高温烧制的高温炭，炭化温度在1000℃以上，固定炭含量在85%以上。外观带有金属光泽，轻敲声音清脆，点燃后燃烧时间较长，没有烟气或杂味。可以作为橄榄炭的底炭或直接使用。

炭宜净

用来煮水瀹茶的炭品讲究干燥、干净。

沾染污秽的炭、木柴或腐烂的木材不宜用做燃料，受潮的木炭不宜点燃，还会有很大的烟。许次纾《茶疏》说："火必以坚木炭为上，然木性未尽，沿有余烟，烟气入汤，汤必无用，故先烧令红，去其余烟，兼取性力猛炽，水乃易沸。"陆羽《茶经·五之煮》也说，煮茶"其火用炭，次用劲薪"。

炭炉上什么时候坐壶

炭火初燃时间，未免有柴火的烟气，此时尚不能把烧水壶坐上去。须得等烟气消散，才正式开始煮水。同时为保持火温，可用扇子轻扇。"炉火通红，茶铫始上，扇法的轻重徐疾，亦得有板有眼。"温庭筠《采茶录》说："茶须缓火炙，活火煎。活火谓炭火之有焰者。当使汤无妄沸，庶可养茶。始则鱼目散布，微微有声。中则四边泉涌，累累连珠。终由腾波鼓浪，水气全消，谓之老汤。三沸之法，非活火不能成也。"

司炉侣

火钳组

用炭炉生火需要几样辅助的工具，在潮州功夫茶的体系里有一整套家什；铜火钳、炭锤、火箸、灰铲，均为铜铸，火钳、灰铲、锤身上还会刻些花鸟动物图案，火箸头有的做凤头造型，两箸间以细铜链子相连接，这套工具用在明火炭炉上非常实用，而且一般尺寸在 20 厘米内，显得文气且便以携带。

纸扇

纸扇是驱走柴、炭之烟的法宝，橄榄炭、龙眼木炭、枣核炭、栗炭的烟很小，但可助火力迅猛，壶中之水沸开。有的时候，一只可以用充电宝做电源的小电扇也可以

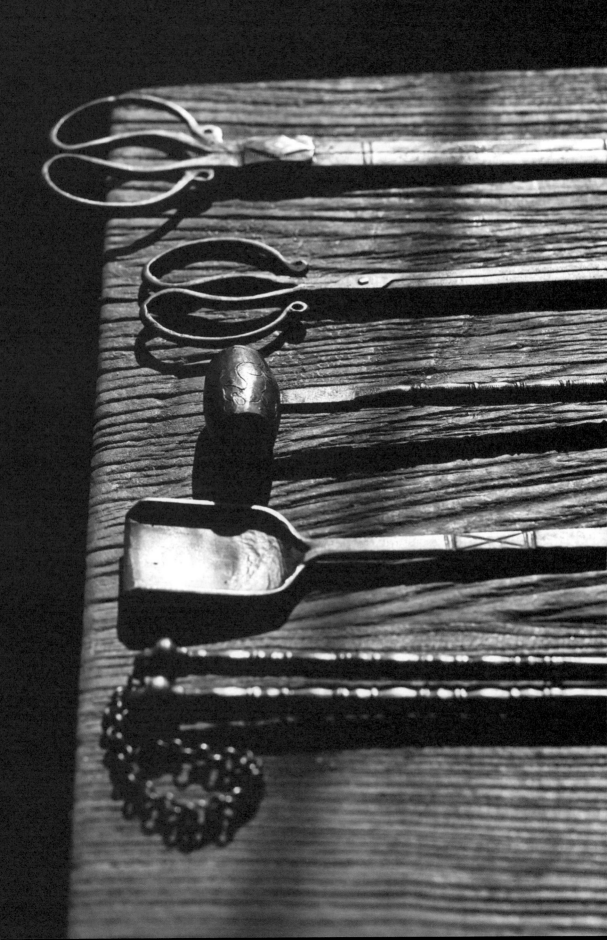

用来生火驱烟，虽然没有纸扇雅气，但胜在实用，特别是做户外茶会时，用电扇可以很迅速地生起火来。

煮水器

煮水的器皿可以根据不同地域的海拔、气压条件来选择；也可以根据需要冲泡的茶品来挑选。

海拔较高的地区，因为水的沸点底，需要选用降温慢的壶来煮水，并且可适当提高水温。在茶席中，炉具和烧水壶一般是陈列于席主的右侧位置。也可以根据席主的使用习惯决定位置。日式的铁壶一度是大家很喜欢的，但有的壶因自身较重，盛水后份量不轻，对于注水时有一定影响。轻巧的银壶和传统的砂铫煮出的水轻而活，亦是事茶的方便之器。

主泡器

主泡器有茶壶和盖碗。茶壶包括宜兴紫砂壶、建水紫陶壶、广西坭兴陶壶、瓷壶、玻璃壶等。盖碗包括瓷盖碗、紫砂盖碗等。

由北方吃茶风俗演变而来的盖碗，过去多用来冲泡绿茶和乌龙茶作为单人品饮的器皿。后来应为使用方便，利于观察茶汤的浓淡、茶叶叶底的完整，逐渐转变为冲泡的主要器皿之一。但一般的盖碗上敞下收，底足较小，多为乌龙茶而设计。我们在泡

普洱茶特别是生普时，因大叶种茶叶的条索较大，在小底足的盖碗里并不能得到充分舒展。所以在茶席中一定要根据所冲泡的茶叶选择盖碗的器型，底足宽大的盖碗不仅利于普洱茶的冲泡，在茶席上也有稳定之感。

茶壶向来是泡茶的利器。明代开始风行的小壶泡一直被延用至今。在使用小壶时，投茶量需更为精准。张谦德曾在《续茶经》里说："茶性狭，壶过大则香不聚，容一两足矣。"

紫砂壶原本多用于绿茶的冲泡，但因其良好的性能，也适宜于大多数的茶类。但是如果考究一点，提倡本山本土的器瀹本山本土的茶更能体现茶的个性，广西的坭兴壶就适合冲泡六堡茶，在冲泡普洱老茶时，云南的紫陶壶更有蓄香利汤的特长。在建水工作室设计过几个比一般建水壶较小容积的紫陶壶，选用陈腐数年的泥料，并特别改良了壶口、壶钮和壶把的造型，烧制后壶身的打磨程度也做了调整，用来冲泡熟茶和生茶都很出味。

武夷山地区多用瓷盖碗冲泡岩茶，但试过洪一渌兄用宋代老建盏雕刻再造的、一个一小两只老盏合起来的的盖碗，冲泡武夷山正岩茶确实最为劲道酽醇的。奇特的是，用他雕刻的老盏做品杯，盏底留香比一般的瓷质茶盏还要丰厚，不知是否与建盏、岩茶同出一地大有关系？

匀茶器

是承载茶汤并分送给嘉宾品饮的主要器皿，匀杯一要实用，不烫手，出水顺利，断水干净。二是形状要"低调而优雅"，若一只匀杯色泽、形状比主泡器还要醒目，那就有些喧宾夺主的感觉了。不同材质的匀杯配合不同气质的主泡器。

茶盏

茶盏在唐以前已有,《博雅》里称为"盏杯子。"宋时"茶杯"之名开始出现。陆游诗里就有"藤杖有时缘石磴,风炉随处置茶杯。"

茶盏是连接饮者和主泡者最为直接的媒介。一盏茶汤里包涵了席主的用心之处。多日的准备,择茶、择水、择火,一切的准备只是为了一盏完美的茶汤。这茶汤,就要通过茶盏来传递,来搭建起通往彼此心曲的桥梁。在茶席中,茶盏的地位仅次于主泡器,选一组合适的茶盏才能够把你的茶汤作品完整、完美地传递给他人。

壶承

在采用干泡法的茶席中，放在主泡器下面承接水滴的器物，即壶承。可以是陶瓷质地的园盘、方盘，也可以是木质或金属质地。在具有实际功能的同时还要起到烘托主泡器的作用。

盖置

在紫砂壶或者盖碗注水时、换茶叶用来安放壶盖、碗盖的小器物。盖置在席上只是个小配角，不过却从细微处印衬出席主的用心。

茶壶盖子、盖碗盖子在注水或者投茶叶的时候是要取下来的，直接放在席面上或者反口朝上都不太卫生，还有壶盖从桌面滚落的隐患。一个竹制、陶制的专用盖置就可以解决这些问题。

茶罐

　　茶席上的茶罐一般采用小型罐，容量可装 20—30 克茶即可。一般以陶瓷、竹制、锡银等金属制成。席主需在茶会筹备中就将所要冲泡的茶叶撬散、称好重量放入罐中，泡茶时只需要直接倒入茶则。

盏托

盏托是专门用来搁放茶盏的小托盘。托多呈圆形，中间有作为承托的凸起的托圈，即托口。瓷盏托始见于东晋，南北朝时开始流行，唐以后随着饮茶之风而盛行。盏托可以再奉茶时泡茶者的手指不直接接触茶杯，令茶事更洁净。

茶席上一般设五只茶盏，称为五人席。席主自用的可收纳于旁，不计算入。茶盏的位置依据是席主分汤、客人取用方便来决定的。

茶则

古语称："则者，量也，准也，度也"。顾名思义，茶则是用来度量投茶量的工具。不同的茶类，身骨轻重不一，我们可以根据经验用茶则中茶叶的多少初步度量处茶叶的分量。

茶匙

以前通用的茶针近年来改为茶匙，避免了茶席上出现针型的尖锐感，可用来拨茶，又可用在换茶时用匙形部分来掏取叶底。如只有茶针，茶针的尖锐部分不能朝外，使用前后都要针尖向内摆放。

水盂

　　在使用干泡法的茶席中，水盂是用来承接润茶、温杯的水和剩余的茶水、茶叶叶底的器皿。干泡法免去了过多的淋壶过程，令席面干爽整洁，节约用水。水盂的大小要根据所要冲泡的茶品来决定大小，质地、色泽也要根据主泡器和茶席的整体风格来决定。

茶巾

茶席上的茶巾色彩越不显眼越好。一方好茶巾要具备低调、吸水的素质。茶者可以自己动手，缝制专用的纯手工茶巾。

一个茶席上我们一般会备两块茶巾。一块用来擦拭茶壶、匀杯、上的水迹，茶匙上的茶叶末子；一个用于更广范围的清洁，比如茶桌上的水滴。两者的清洁对象不一样，各司其职

席布

　　席布在茶席中如同大地，承载着茶席色彩基调确定、烘托器皿，以及划分事茶区域的功能，从较远的角度看过看来，我们一定是先看到席布的色彩，所以主布或辅布的色调很重要。席布的质地可以有不同的选择，若桌面是一块纹理适茶的木面或石板，可以取消主席布。

　　席布的大小与质材一定是可以千变万化的。丝、棉、麻、纸张、树脂以及各种复合材料假如与你的茶席可以有一个有趣的呼应，不妨都做一点尝试。2013年秋天，在云南建水文庙的茶会中，为了暗喻庙堂之气，用了明黄的丝织宋锦手缝了一方35×50厘米长方型的席布，衬托柴烧壶上金饰的山子；2014年，峨眉山茶会，一块小油画板又方便又轻巧，和乳色的壶、雪白的棉花做了席，油画板且不宜吸水，偶落的水珠也丝毫不碍事。杜邦纸、云南手工纸也是经常用来茶席上做调剂的角色，宣纸和绢反而因为水痕明显不适合做席布。以前有的茶人喜欢在棉布上彩绘花卉、人物或绣装饰纹样，单独看是一件作品，其实茶具摆放上去一看，反而复杂了，不知道是茶具多余还是图案添足。所以，简素的底席"布"可以不拘一格，但也同样不能"用力过猛"。

花器

在茶席中用来插花的容器，质材、形状不限。茶席上选用的花器大小要与茶席协调，器物本身线条简洁，比较容易为花枝造型。造型、色彩都要与茶席主题相呼应。花器是花枝的烘托者，所以花器上不需要再有其他装饰。

收纳

行走的茶人需要一个行囊，盛放下他的梦想。长袍飞扬，一只装满茶与茶具的箱，

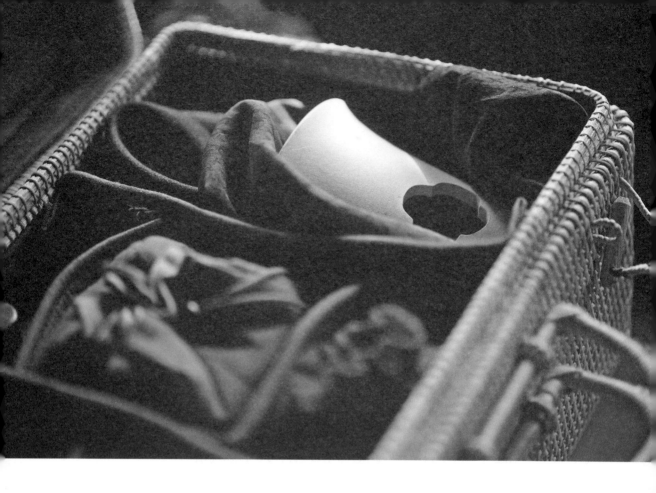

藏着熟悉的茶香，还有了一点浪迹天涯的情怀。

宋人有"都篮携具向都堂，碾破云团北焙香"，陆羽更在《茶经》卷中之器篇，把都篮列为收储茶器的必备"都篮设诸器而名之"。

现在携茶而行的时候越来越多，带着自己钟爱的行头，随时随地可以茶是很多的习惯。己未秋月，设计了一只茶箱，选越南秋天采的藤条加工后手工编制，秋天的藤是最柔韧的，使用经年，色泽加深也会有润泽的包浆。内里啡色的棉布，分隔借鉴摄影包的任意式组合隔断，按照不同茶器的大小自由放置，一尊泥炉，一把煮水壶，壶、杯、则若干，还可以带上一包橄榄炭，几根油薰竹。当然，单个的器物还会用加了棉的壶袋、杯袋包好扎紧，妥当的一套宝贝，就这样有分量而安全地跟随。设计出来后学生安吉的竹柒柒承担了制作督造的诸多工作，才得以让这款茶箱问世。此时，也正是窝冬藏养之时。遂为此箱取名"藏颐"。

颐，《周易》中六十四卦中第二十七卦"山雷颐，艮上震下"，君子观此卦象，思天地生养之不易，从而谨慎言语，避免灾祸，节制饮食，修身养性。茶人亦应修身正心，藏养中正之气。茶箱如是，收纳的都是百家机巧，自家性情。

第二节

行茶手法

一　人文茶席行茶手法七式

1. 烧水

泥炉起炭，或用炉具煮水。水需利茶。

第一次煮水，生水可放茶壶四分之三，待水开后停火备用。

再次煮水，生水放茶壶二分之一，水沸后可供2—3次注水即可，注水后加入生水。

避免加满壶水，令水长期处以沸腾状态。

2. 净具

以沸水注入壶、盖碗，倒至匀杯，再分到品杯里。清洁主泡器、品杯。因行茶前

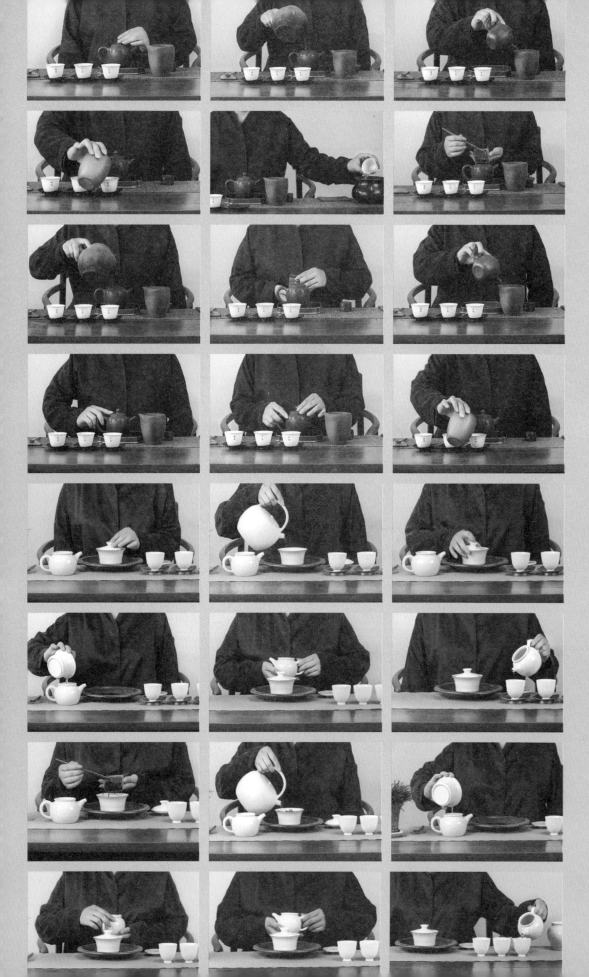

茶具一般都是用生水清洗过的，这个过程可洗去生水味道及灰尘；也可提高壶、盏的温度。为行茶做准备。

3. 投茶

将茶叶从茶罐或茶袋子中放到茶则里，取量适中。一些特别品类的茶叶可以给客人品看干茶，但需提醒观者忌讳直接呼气到茶叶上面，以免污染茶叶。

4. 润茶

对需要润茶的茶叶在投入到壶中后，迅速以沸水沿壶（盖碗）壁注入，并盖盖后将水倒出。不需要润茶的茶叶可直接进入冲泡。

5. 浸泡

润茶后根据茶类不同的手法注水，盖盖或开盖浸泡。时间长短视茶类而定。

6. 出汤

将茶汤均匀地分到茶盏中，每杯注四分之三。

7. 奉茶

以单手示意、微笑和眼神示意请嘉宾品饮茶汤作品。

以上为行茶七式。在冲泡茶品时，茶人的肢体语言亦是人文茶事礼仪的一部分，需要有一定的规范性。

二　小壶泡手法

（右手执壶，如为左手执壶则反之。）

1. 左手揭壶盖，置于盖置上。

2. 以沸水沿壶边缘注水净具、温器。

3. 左手合盖。

4. 右手执壶，将水倾倒至匀杯里。

5. 按主泡器以左、主泡器以右分别由左右手负责的原理，将匀杯里的水分至品杯里。左右手交接时回到身体正中，也就是茶壶后方位置，将匀杯流口向内旋转，换交至另一只手，继续分杯。双手各司其职，避免在席上出现左右手穿越主泡器茶壶的上空，造成器物的不安全和司茶混乱。

6. 将茶叶从茶罐或茶则用茶则投到茶壶中，条索较大的茶叶，投茶时可以左手在盖碗上方做"挡围"的辅助动作。

7. 以沸水沿壶壁注入，左手合盖后右手执壶将水倒出。

8. 润茶后根据茶类不同的手法注水，盖盖或开盖浸泡。

9. 右手执壶出汤，并缓缓翻转盖碗，掌背朝向自己的方式，将茶汤完全出尽。同

时注意心神安定、气息平缓、沉肩坠肘，食指可扣住壶盖，防止壶盖滑落。

10. 右手将茶壶归位。

11. 匀杯按主泡器茶壶为中心的原则，左右手分工负责的原理向茶盏里分汤。分汤结束，以右手掌心向上示意客人请用茶。

三 盖碗手法

（右手执注水壶）

1. 左手揭盖，置于盖置上。

2. 以沸水沿碗边缘注水。

3. 左手合盖。

4. 右手将水倾倒至匀杯。

5. 按主泡器以左、主泡器以右分别由左右手负责的原理，将匀杯里的水分至品杯里。左右手交接时回到身体正中，也就是盖碗后方位置，将匀杯流口向内旋转，换交至另一只手，继续分杯。双手各司其职，避免在席上出现左右手穿越主泡器上空，造成器物的不安全和司茶混乱。

6. 将茶叶从茶罐或茶则用茶则投到盖碗中，条索较大的茶叶，投茶时可以以左手在盖碗上方做"挡围"的辅助动作。

7. 以沸水沿壶（盖碗）壁注入，左手合盖后右手执盖碗将水倒出。

8. 润茶后根据茶类不同的手法注水，盖盖或开盖浸泡。

9. 右手大指和中指扣住盖碗 12 点钟和 18：30 点钟位置，食指扣住调整盖碗并微微调整缝隙，平行提碗出汤，并缓缓翻转盖碗，掌背朝向自己的方式，将茶汤完全出尽。同时注意心神安定、气息平缓、沉肩坠肘，凝神注意寻找出汤点，食指随时调整盖碗缝隙。

10. 右手将盖碗回归。

11. 匀杯按主泡器为中心的原则，左右手分工负责的原理分汤。

四　行茶十二诀

守心止语，洁净行茶——止语

茶人在行茶的净具、投茶、润茶、浸泡、出汤过程中保持止语状态，保持茶汤、茶具的清洁。烧水、奉茶时可以低声交流。

怀山抱海，各司其职——冲泡

冲泡茶品的时候，茶人的左右手各司其职，以主泡器为中轴线，左手负责中轴线左边的器物和动作，右手负责中轴线右边的器物和动作，忌穿越主泡器的越矩动作。

沉肩坠肘，坦诚以对——出汤

将浸泡好的茶汤注到匀杯里。

出汤时间长短、水线高度需视茶品而定。

沉肩坠肘，手腕朝内，身体成怀山抱海之势，舒适自然，气韵连绵不断。壶底、盖碗底可朝向宾客，即可赏底款，又可见对茶器的洁净爱惜，坦诚以对。

左斟右旋，行云流水——分汤

当茶盏排列在主泡器的左右两边时，左手负责分左边的茶盏，随后把匀杯收回到中心位置，轻轻旋转匀杯的流口后，移交到右手，右手再分右边茶盏的茶汤。

开阖有度，圆融平等——奉茶

茶汤泡好分汤后，微举右手，掌心向上，微笑示意客人请用茶即可。人文茶席追求的茶道精神是讲究自然、有礼有节，不卑不亢，平等。

饮真茹强，蓄素守中——赏品

好的茶汤，真似可咀嚼，不仅仅是茶质的关系，更是茶人手法的功力所在。"劲健"者可谓"饮真茹强，蓄素守中"。

茶人在席间泡茶，一定要给自己预备一只杯，同客人一起品鉴自己的茶汤。

第三节

人文茶道茶会仪规

一 谦和有礼

入场：嘉宾落座后，以磬声为令，席主按席位的先后顺序安静入场，抬首收腹，双手自然交叉于腹部自然行走入席，注意不穿发出声响的鞋子，仪态端正自然。走至茶席座位旁边静立（左右视座位位置而定），待所以席主就位后，以40度鞠躬向嘉宾示意，然后就坐。

入座：席主走至席前，向嘉宾微微鞠躬示意，然后入座。

请茶：茶汤冲泡好以后，可面带微笑，举右手向嘉宾可以示意品饮。

结束：磬三声，茶会结束。席主向嘉宾微微鞠躬，表示感谢。

止语：磬一声，茶鼓三巡，为茶会开始。前三泡止语，三泡后可以低声交谈。

二　专注有节

专注：专注事茶，奉献最美的茶汤作品。

有节：行茶过程中不受外物干扰，注意手法的次序感，懂得轻重缓急的节奏感，践行从熟悉到熟练到忘我、忘法的境地。

沉着：对茶事中可能出现的问题有预知性，并尽量在准备的过程里使之避免发生。如电跳闸、炉火熄灭、品杯储备不够等情况。在行茶过程出现的偶发事件有冷静应对的能力，如茶汤泼洒、茶具倾倒、客人对茶品不适应等情况。

附：茶礼探源

唐百丈禅师立《百丈清规》，《百丈清规》里有"赴茶""亡僧"之条，明文规定丛林茶禅及其作法次第。其"请新住持"一文中记有"鸣僧堂钟集众门众，三门下钉挂帐设，向里设位，讲茶汤礼。请两序勤旧光伴，……揖坐烧香，揖香归位，相伴吃茶。……"讲经说法摆法鼓，集众饮茶敲茶鼓。从以上可以看到当时茶会已成为佛事活动内容，可使人体悟茶之清纯与禅之静寂圆融一体。

《百丈清规》中，除茶汤榜、茶榜外，在新主持的迎送、辞别、升座等各个环节，都要行"茶汤礼"。主要内容为"揖坐、烧香、揖香、归位；相伴吃茶。再起，烧香、揖香、归位。相伴吃汤收盏"。《新刻清拙大鉴禅清规》记载："凡茶汤之礼。两手掌相合（此名合掌），合掌低头，揖（此名问讯）坐具取。开始须从近身内取，不可从外边取，非礼。两班耆旧皆至门外立。侍香一问讯，便少退叉手立，不可人人接（此名接入问讯）。一众入席，立定。侍者中立，问讯众坐（此名揖座问讯）。众坐定，侍者小问讯，进炉前烧香，退；中立问讯（此名揖香）。众皆吃茶汤，瓶皆出，侍者进一步问讯（此名揖茶）。行者收茶器，时侍者退外侧立，礼毕。"

茶汤礼是禅宗最重要的礼仪之一，"丛林以茶汤为盛礼"，茶汤礼还用专门法器——"版"："法器，版……点茶汤时长击之。内版挂搭，归寮时三下，茶汤行盏二下。收盏一下，退座三下。"

第三章

茶席之用

第一节

色：墨分五彩

　　茶席是有季节感的设计作品，与大自然里四季的变幻相对应。在不同的季节里运用不同的色彩可以使观者在第一眼就能寻找到茶席和茶品的调性。色彩是茶席作品的基调，不同的色彩带给人不同的视觉体验以及情感倾向。如何去组合、搭配茶席上所有的器物色彩，是一门学问。

　　一席秋季的茶席我们往往会将枫叶、菊花、桂花、熟普洱茶、岩茶等元素运用进去，器物也会选择比较质感厚实，保温性较好的，那么茶席上桌面、席布、辅布的色彩就要与之协调。沉着的咖啡色系、黄色系、白色系都是秋季茶席的首选。

　　夏季需要的清凉感不仅仅让我们更多地选择白茶、绿茶、乌龙茶，也会选用玻璃器皿、青瓷器皿、白瓷器皿来冲泡，茶席布随之以青、绿、蓝、灰、银色系来形成有趣的承托。

茶席上面积最为宽大醒目的首先是桌面或席布的底色。底席布并不是茶席必须的配置，在茶桌形状雅致，桌面纹理较为细致平滑，适宜茶器的色泽和形态，具有赏读的趣味，就不再需要额外铺上席布。

　　当桌面效果不佳，或正式茶会中所有的茶桌需要统一的底色调，铺上边缘距离地面 2—3 厘米、质地细腻，触感温暖之棉、麻织物较为适合。色彩适合采用明度较低的咖啡、黑褐，以及带有不同倾向色调的灰色、白色。用来划分功能区与品饮区域的桌席长卷或方型块面，近年来材料发展迅速。从几年前的粗细麻、夏布，开始向复合

型材料转变。用纸浆纤维编制的纸茶席，收纳方便，展开后边缘笔直，不容易出现皱褶，吸水性也较以前好，且色彩多样，使茶人有了更多的选择。但在备器时应尽量选择同一色系、不同明度的长卷，避免色彩接近原色的或较为鲜艳的色彩。

根据有关专家研究，很多原色在大自然中并不存在，是人造色彩。大自然中的颜色多带不同程度的灰色，因而协调安宁。灰色系列的长卷较能营造文雅而安定的茶席气质。灰色一向被认为是"有高级感""较为雅致趣味"的色彩，因其单一而非简单的调性，较容易比其他器物更能起到烘托主泡器具和茶盏的效果。

中国国画中的许多矿物原料拥有很美又形象的名字"梧桐""芽灰""银鼠""妃红""虾绿"；按照这些色彩去想象，色彩不仅具有了自然风物的韵味，甚至还有不同的性格和味道。就像我们听到"檀香色"这三个字，会联想起淡淡的远山与雾霭；看到紫色会联想到樱花或薰衣草的味道。日本的矿物质颜料里有的名字也很美"山吹色""水浅葱""松叶色"，直接把色彩写照为不同的植物、天光。颜料本身的色泽也很微妙，用清水调开来抹上一笔，其间丰富的色阶变化和细节，是普通化学颜料所没有的。仔细看看这些颜色，大部分都不是纯粹的原色，而是有带有灰色的复合色，恰恰也是大自然中的本色。

第二节

器：五行之合

　　不同质感的器物因制造材料有异，除却功能上的需要，会形成视觉、触觉不同的审美。金属器的理性、稳定，瓷器的矜持、细腻，土陶的拙朴、原味，木器的亲切平易，在一席茶间和谐相处。尤如天地间的万物一样自然共生，相互吸引而已独立自在。

　　选择什么样的比例？以陶瓷为主还是以金属器为主？不仅决定于所瀹茶品，也决定着茶席主题与气质。

第三节

度：善巧用物

吃茶之事本来简单，一叶一瓢，水火相交，便润得苍生。后来复杂，却也可上可下。贩夫走卒用来解渴，寻常人家拿它来消暑，落魄书生消闷涤忧，得意商贾持茶自夸，皇家自然可以百般讲究，连奉祀到地宫里的吃茶器物都精美绝伦，几千年后依旧是最沉默而奢华的一席。茶里百态因人而开始有了分别，一样的茶汤，折射太多不同的境况。

近年，设席吃茶之风渐起。尤其干泡法以席面简洁，方便实用又可随茶事主题做出种种变化，还有一个优点便是节水，免去淋壶、养茶宠的琐碎。席面清洁，润茶、洁杯的水可倾倒入专用的水盂里，这样的泡茶法逐渐有将原来湿漉漉的茶台取代的势头。一帘竹、一方麻布就是一席茶的天地。

主题设计是茶席中最有人文趣味的一个环节，当茶人的人文情怀与浪漫主义相遇，茶席间的天地变得开阔起来，这天地中有清风般高逸的灵性，有泥土一样本真的朴拙，

亦有画卷般可书写的留白，可供事茶人的是前所未有的创作空间。

但是，对茶席的创作设计"度"的把握，确是一个不大不小的难题。当习惯了一成不变的茶桌、茶台的茶人接触并接受、喜爱并实践茶席的初始，大多数人会将在茶书、各种自媒体上看到的茶席形态做不自觉的模仿，这并非坏事。人类学习一样事物多半是从模仿开始，范本的存在也才有了意义。但是，作为带有艺术创作成分和个性特征的茶席作品，在创作时不仅在器物、茶品的选择上有其特定的意义，更在对节令、环境、宾主喜好、甚至光线运用都有综合性的考虑。单一的模仿显然不是上策。所以，我们提倡茶席设计一定要根据自己的实际情况来决定设计思路。茶席设计者在这里或者已经不是一个单纯的茶人，他是一位茶汤艺术家、也是一位平面设计师，同时还是通古晓今的文人，当然还是一位低调的插花高手。

当我们具备或正在具备这些能力以后，"吃茶去"蕴含的禅意却不小心会变得复杂起来。因为我们在脑海里装了太多关于茶席的范本或者各种火花，在具体设席时总想把更多东西加入到茶席中，用一方春花烂漫的棉布来应和春天；一枝花不够，再放几片树叶、几个花瓣在席面；用一个名家的紫砂茶壶，用几只古董茶盏来衬托茶汤，再用一只古董茶罐，甚至用一本经书或一幅经文作了席布。其实，这些物件每一件或许都很美，都是茶席主人花时间、花钱用心寻觅来的，但当一一罗陈之后，我们反而看不见茶席最主要的灵魂——茶汤了。再是贵重稀罕的茶器，如果不是画龙点睛而是过多地罗列，不像茶席，倒像摆开了古董摊。再者，用经书或者经文用来做席面的装饰亦有不敬之嫌。

善巧"用物"，是对茶席空间把控能力的衡量，对审美的考量，对茶席之"度"的理解。现在的茶席之上，不是东西少，而是太多，是需要做做减法。我们可以将一方平凡的木块洗净擦干，用木块上风化的纹理、天然的凹凸来暗和老茶的岁月陈香，而这样的纹理是要坐下来手握茶盏时才读得到的桥段；也可以用一只细节精致的老紫檀文盘来做壶承，但它在席上一定是低调沉默的。行富贵或行清贫都一样要做得不露痕迹，因为，它们都是茶的配角。

我们可以减去精巧的茶匙，用一枝细竹或一株梅枝代替；可以用淡黄的手工棉纸包起茶品，减去描金的茶罐；减去繁花遍布的棉布，等待太阳在下午四点把树枝投影在素净的席面，在转瞬即逝的光阴图画里，体会一期一会心境。更接近茶心、更细嗅内心之茶味。让身体在"度"之内理性谨慎，让心在"度"之外御风而行。"本来无一物，何处惹尘埃"。茶如是，席如是。

茶器鉴别与运用

第四章

第一节

茶席的趣味之眼

"器以载道"是中国传统造物的意境，讲究通过器物的形态语言，传达出一定的趣味和境界，抒发出超越物件本身的审美愉悦。茶席上的器物是依赖前期的制造者和后期使用者共同来完成它在茶席上的审美，所以，对茶器的选择、搭配运用是学习茶席设计需要掌握的基本功，也是可以在十年甚至二十年、三十年一直不断学习，加深理解的功课。

对陶瓷器物，对国内外各大陶瓷类别、形态的了解，对陶瓷胎泥成分、釉水成分的了解都有助于对茶器的挑选，方便我们找到最适合茶汤的器物。

紫砂、建盏、青瓷、青花、柴窑、甜白釉、德化、建水紫陶因其胎泥和釉水，烧结温度和烧制时窑内环境的不同，对茶汤和水的反应有着细微的差异。茶人在研茶的过程里，平日里对器物细致入微的观察和反复的实践，将对行茶前择器有着莫大的帮助。

　　为了便于在此间学习，我在 2014 年的"茶道美学和茶席设计"课程中设计了"一水间茶事研习品杯与汤感测试记录"的课程，用不同的茶盏分别盛同一种茶汤，让同学们在盲品的状态下，体察每个盏中茶汤的不同表现。这个课程在昆明弘益大学堂和南昌泊园的课程中都有运用，收集了几百份同学们填写的"一水间茶事研习品杯与汤感测试记录表"，并对参与的同学进行访问，了解他们的亲身体会，大多数同学真切地感受到了器与茶汤的关系。

　　　　一水間茶事研習　品杯與湯感測試記錄表

受測人：　　　　填表人：　　　　　　　茶時：　　　　　天氣：
測試方式：　　　　　　　　　　　　　　茶品：　　　　　衝泡法：
指導教師：

	香氣	飽滿度	粘稠度	苦澀感	回甘度	愉悅度	綜合評分
1號茶盞							
2號茶盞							
3號茶盞							
4號茶盞							
5號茶盞							

備注：總分十分，每單項滿分 2 分。

第二节

慧眼与寻找

一席中的器物往往要经过很长时间的积累收集，一位有经验的茶人会留心每个所到之处，观察是否有适合的茶器，随时收集，以备将来之用。一次性要购买到所有的器物，又要使它具有独特的美感和适茶性，几乎是不可能的。

寻找是训练自己器物审美的能力的过程，寻找不是求奇、求怪，放弃第一眼的迷惑，注重器物内在的气质，联想它和茶最佳的契合程度，在不断的对比、审视之后所做的决定，往往给茶人自己带来极大的满足感。因为在这个过程里面，学习到的知识可能已经超越了器物本身。

一般来说，简单的器形更容易与茶席上的其他物件搭配，茶席上所有的角色都应该统一在茶席主题之下。生旦净末丑，哪一个都是在舞台上的一个分子。它们是协奏曲中偶尔分辨出丝丝缕缕的细节，而不是独奏中风格明显的大提琴。

第三节

有"茶味"的器物创造

　　一个懂茶、喜欢茶的人制作出来的茶器是具有"茶味"的，因为他知道什么样子的壶嘴出汤滴水不漏，什么样的壶承能不喧宾夺主地衬托好紫砂壶、紫陶壶，什么的茶盏适合喝普洱还是大红袍。懂得与理解，再融入到设计中，将是未来中国茶人和匠人拥有的极大创作空间和市场。

由于时代的原因，之前的茶器审美就像我们对于茶艺的审美一样，一直停滞在八十、九十年代的水准，2000年以后当茶人接触到日本、韩国、台湾地区的茶器制作、茶会形式，不禁耳目一新，为他们制作的人性化、器物的审美观所吸引，引发起历时多年的收藏热潮，茶席间以拥有一只日式或台湾制茶器为美。日本有保留得很好的匠人精神，保有对器物制作专注致深的精神，值得我们学习。同时，当国内爱茶的人越来越多，大家对茶生活的审美越来越有识别度，因爱茶而投身到茶器研究、设计、制作的人将越来越多。

　　中国各地均有悠久的陶瓷制作历史和技术，有取之不尽的泥土和矿藏。大量的有色金属、黑色金属矿藏和成熟的冶炼技术，高品位的金、银、铜、铁、锡等资源丰厚，自汉到唐宋元明清，金属器物的制造技术就已经达到过顶峰。之前一直作为原材料出

口的比例大于精细加工，近年来，因茶而兴的金属茶器制作正在形成。比如云南大理新华村从一个敲打当地老百姓日用银器的村庄逐渐转变为制作银茶壶的主要生产地，但因为当地审美意识、设计力量尚未成熟，目前以接受来样制作的器型比较多，还处于对日本银壶的模仿阶段。期望茶人的介入能提高设计水准，设计制作出中国味道的银壶。

作为中国陶瓷制作人工资源与技术最为集中的景德镇，近年来更多的陶艺制作者投入到茶器的设计制作中来，他们在工作、生活中更广泛地喝茶，从以前当地的绿茶、红茶到普洱茶、岩茶，对茶的感官接触越深，在制作中就更容易把握器物的特性，使茶器兼具实用与审美。

此外河南的汝窑、钧窑，陕西耀州窑、河北定窑、福建建窑、德化窑、云南紫陶所在地的陶艺制作者或者技艺传承人都在逐步探究古法，在续古学习中尝试茶器的制作，并已有一批可以适用于茶席的作品面世。中国的每一类古窑都具备不同的时代性和适茶性，如黑釉系建盏宜于宋代点茶，青瓷类高古温润的质感偏稳定厚实，定窑中的白定和德化乳白而类玉的品杯适宜很多茶类的汤色鉴赏、闻香。

不是每一种陶瓷类别都适合所有的茶器，有的可能做花器比较有稳定感，有的是品杯之良伴，有的是茶壶的不二之选，熟悉陶瓷的泥与釉的表现形式与质感特征，才可以与茶事做最完美的契合。

第四节

文人趣韵

在中国人的审美观念里，物之为用不仅仅是实际使用，一些看似"无用""无为"的因素会使一个具体的物象拥有额外的精神审美和情感寄托。

所以我们看见古今的水注、花瓶、茶壶、茶杯，甚至瓷枕上都会有诗文或绘画装饰。具有文人格调的茶器如同一件艺术品，不仅仅可以使用，还值得收藏。明代沈存周刻绘的茶罐、盏托因为具有浓厚的中国文人风格从而更具收藏价值。

历朝历代，文人画、文人书法，因其有别于普通审美的趣味而成为社会上认为具有较高品味的现象比比皆是。其运用在茶器创作中不仅仅是形式上的"以文附器"，更具意义的是将中国传统文化具象化，对文化的传承及宣扬可以通过我们每天手触心仪的一件器物来体现，来潜移默化，善莫大焉。

工艺的解读、不断的实践，多种材料的综合运用，以及将中国传统文化和文人审美的高度融合，将会在未来令中国茶器耳目一新，并具有丰富的内涵。

茶席中的明代小壶泡

相比之前那些久远岁月里的繁华奢丽，明代的茶事活动是中国饮茶史上一个由繁入简却充满文人气质、山水气韵的一个巅峰段落，其间的诸多精萃华章，到今日仍旧映射在我们的茶席上。

明初，唐代的末茶趋向衰落，虽然还延续着宋元以来的点茶道，但团茶、饼茶进一步边茶化（边境茶），明太祖朱元璋罢贡团饼茶，促进了散茶的普及，叶茶和芽茶成为茶叶生产和品饮的主导。在过渡了不算短的一个时期，直到明朝中叶，饮茶才普遍改为将散茶直接用沸水冲泡。对于当时的人来说，这是一个变革交接的时期，但泡饮的方式似乎在善于品味生活美学细节的文人中更被看重。

明人文震亨《长物志》里就说："吾朝所尚又不同，其烹试之法，亦与前人异。然简便异常，天趣悉备，可谓尽茶之真味矣。" 而明人沈德符的《野获编补遗》更是将"一瀹便啜"之方式推崇备至："今人惟取初萌之精者，汲泉置鼎，一瀹便啜，遂开千古茗饮之宗。"

因而我们可以推断泡茶道是在明朝中期形成，并流传至今。泡茶中明人所创新、

创造的诸多茶具，就是我们今天依旧在茶席中使用的器物；明人泡茶前对火、水的选择要求也是我们沿用的方法，明人的"小壶泡"同样在今日之茶席上作为主要的瀹茶手法。

明代最为崇尚紫砂或瓷制的小茶壶。明代冯可宾在《茶录》中写道"茶壶以小为贵，每客小壶一把，任其自斟自饮方为得趣。何也？壶小则香不涣散，味不耽阁。"文震亨同样在《长物志》中特别提到："壶以砂者为上，盖既不夺香，又无熟汤气。"而张谦德的《茶经》说："茶性狭，壶过大则香不聚，容一、两升足矣。"官（窑）、哥（窑）、宣（宣德窑）、定（窑）为上，黄金、白银次，铜、锡者斗试家自不用。"

据说，因为当时有嗜茶的文人建议"把壶从大改小，做成一把可以一手持之、一手捋须吟诗的雅器"。于是一代紫砂大师时大彬开始改制小壶，并将制壶工艺手法和壶型大小规格基本固定下来，并流传至今。

小壶于茶可以利汤扬香，于瀹茶或饮茶的人来说，则可尽"幽人之趣"。何谓"幽人之趣"？《遵生八笺》说："'幽人首务'乃是设茶寮于书旁，寮中设茶具、焚香饼，供'长日清谈，寒宵兀坐'。"可供长日清谈，说明吃茶之人不过二三人，是识茶人，亦是知交。因而，小壶泡不仅有着功能性上的优越特性，更兼具了精神层面的幽趣与韵味。

其实，以小壶泡茶对茶席主人有更高之要求。

一位茶者，在茶席中若就小壶冲泡，首先得做足准备工作。茶壶形状的选择，投茶量的计算，出水点的把握都需仔细拿捏，就个人经验来说，水平小壶适合年份较长的普洱生茶、熟茶、武夷名枞岩茶；梨形小壶宜泡台湾高山乌龙茶；只要掌握水温、出水点，茶汤相对较大体积的茶壶会更为饱满。

小壶出汤有限，每盏分到也不会太多，更令人有好茶难得的感叹，顿生惜茶之感，每泡茶汤细啜慢尝，茶中真味逐一在口腔中呈现，免去了解渴式的"牛饮"，静中体味吃茶之趣。

第五章

茶席插花

第一节

自成一格

　　从很早以前开始，插花就已经成为一门独立的艺术，具有自己的艺术语言。茶席上的插花和一般插花不同，一定要以茶为主角，甘心做茶的配角。花器和花在席间意义特殊，茶席是我们在具象的生活中饱含梦想的一方天地，所以茶席上对植物的选择其实代表内心的某种倾向，它与当下的茶、当下的自己是有关联的。一枝黑松嶙峋的枝干可能是你柔弱外表下坚强的内心，是久经岁月的茶之意象；一朵未开放的荷，可能饱含期待。在这里，花不仅仅是一种视觉符号，也是一种表达的媒介。

第二节

花的气质要与茶席吻合

每一个茶席都有自己的个性和气质，喜庆的、文人气的、怀古的、禅味的等等。茶席根据主题来选择茶品，并对应主题选择器皿、装饰物和花材、花器。不同质地、器型的花器，不同风格的花材都有特定的气质。日本插花在历史中形成不同的流派和风格，具有鲜明的民族个性，观之具有非常高的艺术水准和审美愉悦感。但是，在中式的茶席中，我们的主角是中国茶，用的是中国茶器，一个典型的日式插花并不适合。

我们可以学习借鉴，但一定要具备"化"的能力，中国的很多古代绘画里都有对插花的描绘，本身就是很好的中式花典范。台湾地区的中华花艺在研究中国古典插花的基础上就非常好的形成了自己的创作风格和审美体系，值得我们认真学习。

所以，风格的抉择是茶席花第一要素。其次，茶席主题、茶品是需要插花去呼应、配合的先决要素。在武夷山上课的时候，给同学们讲过武夷岩茶的茶席该如何配花。

岩茶的韵味香气千变万化，滋味浓醇，在茶里面算得上是有骨有肉，骨肉丰润。一味柔美的花材，飘逸的草叶难以衬得起它。在三坑两涧行走，一路教给大家观察岩石的质感、石头表面的肌理走向，观察攀爬在高大的苦楝树上开满白色小花的络石藤蔓，流香涧石头上附生的石菖蒲。刚柔相济的地貌气质无疑是武夷岩茶风格形成的深厚背景所以当我们为岩茶来设一个茶席的时候，所设计的茶席花也应该是具备刚柔相济的气质，曲折却有力度的枝干，油绿而革质感稍厚的叶片，色泽饱满的花瓣组成的插花，在席上像是旧时秤杆一头的秤砣，压得住一席的平衡。

第三节

茶席插花的作用

首先，提示饮茶人，珍惜当下。

被修剪下的花枝花期不长，但通过席主的精心设计，表现出平时被忽略的美感，这种美转瞬即逝，提醒我们安住席间，泡茶、吃茶，把握当下。

其次，为茶席营造"生动感"，增加审美趣味。

茶席上的器物是沉默的，但只要有了花草，整个空间就顿时生机盎然。

第四节

插花只能用"花"插?

插花所使用的材料不只是花，包括叶子，甚至或只是叶子、枯枝、石头、果实。将这些来自大自然的元素组合成一件美丽的作品，就是"插花"。自茶席花在茶席上要能表达主题，表达茶席设计者的茶道审美境界与茶道思想。

水盘、盆玩、赏石、盆栽、清供都可以作为带有文人气质的"茶"花。传统的审美里，这些都是中国人的家常清趣。

一 盆玩

"盆玩"一词，最早即见于明代屠隆所著的《考槃余事》。盆栽"盆景"最早记录源自中国唐代，早在陕西乾陵唐代章怀太子墓（建于706年）甬道东壁就绘有侍女

手托盆景的壁画。宋代盆景已发展到较高的水平，陆游、苏东坡等人都诗词中有过对盆景的细致和赞美。元代高僧韫上人制作小型盆景，取法自然，称"些子景"。明清时代盆景更加兴盛普及，在诸多绘画中都可见。由于地域环境和植物品种的差异，形成了不同的盆景流派。在南、北两大派中，南派是以广州为代表的岭南派，北派包括长江流域的川派、扬派、苏派、海派（后三派过去统称江南派）等。各派虽然造型风格、擅长培育的植物不同，但都以植物、山石、土、水等为主要材料，经过长时间的造型、栽培，达到缩龙成寸、小中见大的艺术效果，奇峰峻峭，林木葱茏，或飘逸豪放，或老而弥健，"起、承、转、合、落、结、走"的造型皆具山水画的意境和构图。中型盆景很适合中国茶空间的布景点缀，小型者正好可置于茶席一角，不同的植物花、果、叶、枝干的形态本身就具有情感倾向和主题感，有章有法，选择适合的茶席主题、茶会主题的一景，无疑是非常具有中国味道的茶席良配。

二 菖蒲

菖蒲历史最早可追溯至西汉，六朝佚名《三辅黄图》中记载："汉武帝元鼎六年破南越，起扶荔宫以植所得奇草异树，有菖蒲百本。"菖蒲盆景据说在唐代就有，至宋代已在文人中普及。曲园老人所题的"忍苦寒，安淡泊，伍清泉，侣白石"，金农

誉为"不逢知己不开花"的菖蒲，近年来得以洗尘，重被文人置于案间，也受到茶人的喜欢。《本草纲目·菖蒲》载曰："典术云：尧时天降精于庭为韭，感百阴之气为菖蒲，故曰：尧韭。方士隐为水剑，因叶形也。"菖蒲根、叶都有特殊之香气，是传统文化中可防疫驱邪的灵草。古人把农历 4 月 14 日定为菖蒲的生日，"四月十四，菖蒲生日，修剪根叶，积海水以滋养之，则青翠易生，尤堪清目"。

菖蒲品种很多，用来做盆栽的菖蒲是其中的一些较为小型的特殊品种。明王象晋《群芳谱》中说："养以沙石，愈翦愈细，高四、五寸，叶茸如韭者，亦石菖蒲也。又有根长二、三分，叶长寸许，置之几案，用供清赏者，钱蒲也。"《群芳谱》记载有泥蒲、名水蒲、石菖蒲等不同品种，虎须中又有泉州者、苏州者，还有龙钱蒲、香苗、剑脊、金钱牛、顶台蒲等等，有的品种尽已失传，较常见的是"虎须""金钱"，另外在很多地区还有多种野生的石菖蒲。

在无锡王大濛先生的《蒲草》一书多有论述。我在云南试着种菖蒲多年，早年蒙木白君、苏州三余小筑君赠送钱蒲、虎须，但因我愚笨未得真法，蒲草时有病害。后来幸遇慈溪常氏赠蒲数种，并常得指点，何时施肥、何时灭虫，才在一水间中把这江南的宝贝在云南安住下来。常师植蒲如画，意、形合一，又难得为人低调朴素，确有"忍苦寒，安淡泊，伍清泉，侣白石"之风，实为人蒲一品，尊为吾菖蒲之师。

石菖蒲在空气清绝、水土丰沛的山间溪边可以见到。几年间，我在九华山、峨眉山、青城山、武夷山都采过野生石蒲，带回一水间中莳养，都已生长得很好，有的还抽穗开花了。细察新发之叶片，亦发现每个地方的蒲草叶形大小长短还有所差别，九华山叶片最薄，野色草绿；青城山的叶色浓绿，叶片丰厚且直，叶长者可达 25 厘米；峨眉山报国寺溪下的相对短，但叶形飘逸。这些野生石蒲较金钱、虎须好伺候，即使炎夏时日不缺水即可。初习植蒲者可以从石菖蒲开始，不过在入山采蒲时，需注意两点：一是采小苗容易成活；二是不要贪多，将溪边石上之蒲一扫而空，即采即止，留下些蒲苗繁衍后代。

三　苔藓

苔藓，古称地钱又叫绿衣元宝，是大地上最微小却古老的物种，它选择空气清洁的山间、溪边、树下，悄然生长。一丛油绿的苔藓无花，无种子，以孢子繁殖，在微观世界和我们一样生死轮回。在深山里采苔藓不是难事，种一盆苔藓并且把它养活经年却是件不容易的事。

《清异录》有一段古人植苔的趣事："王彦章葺园亭，垒坛种花，急欲苔藓少助野意，而经年不生，顾弟子曰：'叵耐这绿拗儿！'"看了古人和我们一样，对苔藓带来的生机与野趣热爱非常，甚至急不可待。

确实，一盆生意盎然的苔青在茶案上并无招摇喧哗，静静地给茶带一抹新绿。

四　山花野草

观察一朵大棚种植的菊花和山野里的野菊花，会发现诸多不同。人工种植的菊花因为经科学的"基因调整"呈现的是一种接近"完美"的形态，色彩往往过于鲜锐单一，花瓣与花瓣的差异小。茎粗壮，笔直。

而山野的野菊花花瓣长短不等，色彩有深浅浓淡，茎相对细而柔韧，风吹时有摇曳之姿。山野之花因为生存条件的不易，呈现出来的"不完美"的形态反而更为自然。每朵花、每枝花之间的差异使得它们具有独特个性和不可复制的美感，茶席上正是需要这样的美感存在。每一次际会都是唯一而珍贵的。

五　户外插花的应变之美

　　户外茶事最大的一个妙处就是随处有花有草，青枝堪采，百花星布。平日在城市里看惯了温棚里娇养出来的玫瑰、康乃馨，这时再看看山野里花草，才知晓什么是生命。

　　很多时候，某些无名的野花更令人感动，斯美无言，独自蓬勃。某一日，因茶人的到来偶尔被发现，被采摘下来，在茶席间摇曳，二三个小时后，悄然凋零，此情此景，似乎更令人体会到"一期一会"的况味。在户外茶事中，插花的风格甚至容器都可以有不同的改变，应和山水境地的韵致相契。一些在室内很适合的、精致的铜、瓷花器在户外茶会时会显得与自然的格调不是很契合。木、竹、甚至是山石垒成的"花器"更能体现情景交融的风致。

人文茶席上的茶点

——华食九例

第六章

"食不厌精，脍不厌细"的中国人有着热爱美食的悠久传统，各地也有不同的小食点心，但专用于茶事、茶席上的并不多，以致很多茶会前茶人一想到配茶点就想到日本的和果子。

　　和果子确实做得非常美，从口感到形状，配合不同的季节、茶品实在招人喜爱。但是，和果子是为了搭配日本茶而诞生和发展的，它的口味、甜度也是根据煎茶、抹茶的口感来设计的，如果直接在我们的茶会中应用会有不少不贴合的地方。有的和果子口感偏甜，在我们品用岩茶、普洱茶时，会瞬间改变口腔的感觉，使茶汤出现涩、苦、枯的感觉；在品用清香的绿茶、白茶时，茶点的甜味压制住了茶汤的甜醇。

　　中国的六大茶类产于不同的地区，这些地方都有不同的食物特产，我们可以根据不同节令里应季成熟的花卉、植物的特点来设计、制作茶点，并且配合不同的茶品口感来使茶汤与茶点相得益彰，令茶事的审美更为全面、参与者的愉悦度更高。

　　故此，我在一水间创作了一系列茶点，运用传统养生食材、食用花卉、香料命名为"华食"，即中华的茶美食之意。希望抛砖引玉，带动中国茶人创作更多、更好的适合中国茶的茶点。

第一节

春三月

一 晤春： 紫糯米 牡丹花 橄榄油

"自唐则天已后，洛阳牡丹始盛。"是《镜花缘》里的一段传奇。牡丹可入药，又最早见于欧阳修《洛阳牡丹记》："牡丹初不载文字，唯以药载本草。"而苏东坡不仅写牡丹，也大快朵颐地吃牡丹。他的《雨中看牡丹》有"未忍污泥沙，牛酥煎落蕊"的句子；《雨中明庆赏牡丹》里也有"明日春阴花未老，故应未忍着酥煎"。诗人不

忍心牡丹凋谢在污泥里，索性用酥油将它们煎炸着吃。京城才女孟晖在她的《凉拌牡丹》写过宋代食谱《山家清供》记载，南宋高宗的吴皇后最喜欢品尝牡丹，春天牡丹花开的时候，她会用牡丹的花瓣来拌生菜，或者把牡丹瓣稀稀地裹上一点面糊，在油锅里炸酥而食。后来明人高濂《野蔬品》里说将牡丹做成凉拌菜，也就是宋人称之为"生菜"的方法：从整朵的牡丹花上撷择干净、完整的花片，加以清洗，然后在滚开的沸水里快速焯一下，再放入凉水中稍微浸一会儿，捞出之后还要裹在纱布内拧干水分，必须这样处理，花片才能颜色不变，鲜艳如在枝头，同时口感脆、嫩，却又不至于软烂如泥。

华食制作手记：晤春

新鲜牡丹花洗净晾干、切丝。紫糯米入水浸泡半日后蒸熟，加入橄榄油、糖霜、牡丹花瓣丝，同揉成条状或圆球状。

二 卷春：山东煎饼 地瓜干 橙皮

华食制作手记：卷春

购买现成的新鲜山东煎饼（原味），将柔软的地瓜干，切成细丁的橙皮卷入成筒状，切为小段，用竹针裹扎起来即可。

第二节

夏五月

一　山家清供：糯米粉　重油豆沙　松针粉　松子仁

道家自古把松针奉为养生之物。《本草纲目》里记录松针长期服用可"松为百木之长，其叶、皮、膏、主治风湿、风痛，生毛发，安五脏，健阳补中，不饥延年，久服，固齿驻颜，肌肤玉泽，轻身不老"。所以又有道家修炼者以松针为食的故事。医圣孙思邈也整理过"服松子法、服松叶法、服松脂法"的自然养生方法。

东晋的葛洪在《抱朴子》里讲过一个故事：秦末，刘邦、项羽攻入咸阳，战乱中宫女们逃进深山，在山里老人的指点下，仅以松柏之实和松针为食。结果容颜娇好，冬不怕冻，夏不怕热。传说这些宫女活了三百多岁，而且人人皆秀发乌黑。

华食制作手记：山家清供

以糯米粉合水上甑蒸熟，揉泥成圆形，内裹重油豆沙。外裹少些松针粉，最后在顶上放几粒烤过的松子仁。绿色的松针粉团、白色的松仁皆有山野贤士，清泉白石之趣。

二　九节隐者：石菖蒲粉　糯米粉　豆沙

明代王象晋的《群芳谱》中记载："乃若石菖蒲之为物不假日色，不资寸土，不计春秋，愈久则愈密、愈瘠则愈细，可以适情，可以养性，书斋左右一有此君，便觉清趣潇洒。"石菖蒲（石上一寸九节者，又名九节菖蒲）有化湿开胃，开窍豁痰，醒神益智的功效，可以微量入肴。

华食制作手记：九节隐者

取炙过、磨粉的石菖蒲微量与糯米粉合之，上甑蒸熟。揉泥成圆形，内裹甜红豆沙。外皮色微绿而有菖蒲清香，内馅甜蜜皆有豆香。

三　卷红颜：糯米粉　紫薯粉　玫瑰花脯　樱花糖粉

据史书记载，平阴玫瑰始于汉朝，迄今已有两千多年的历史。唐代以之制作香袋、香囊，明代用于制酱、酿酒、窨茶，到清末已形成规模生产。明万历年间《续修平阴县志》载有：《竹枝词》曰："隙地生来千万枝，恰似红豆寄相思。玫瑰花开香如海，正是家家酒熟时。"

《本草正义》："玫瑰花，香气最浓，清而不浊，和而不猛，柔肝醒胃，流气活血，宣通窒滞而绝无辛温刚燥之弊，断推气分药之中、最有捷效而最为驯良者，芳香诸品，殆无其匹。"

明代卢和在《食物本草》中也说："玫瑰花食之芳香甘美，令人神爽。"云南有许多的花卉可供食用，玫瑰是比较普遍的一种。以往多捣烂后用红糖、蜂蜜造玫瑰糖，或是作夏日冰凉的木瓜水里的浇头。近年有人以片状玫瑰花瓣蜜酿，保持花瓣的形态，甜中带微果酸，嚼之有回味。

华食制作手记：卷红颜
以糯米粉中拌入少些紫薯粉加水合面蒸熟，取其天然色泽。成型后将酿制好的玫瑰花脯卷入面皮，上撒樱花糖粉即成。

第三节

秋

一　笑东篱：黄菊　肉桂粉　面粉

滇中素有以花入肴的习俗，玫瑰、茉莉均可以做饼，烤制后表皮酥脆，花馅鲜馥。一年四季还有食用黄菊的习惯，著名的过桥米线中就有将菊花花瓣撒在特别熬制的高汤汤面上，微烫后花瓣香中带甜，清润幽绝。亦有将花瓣做馅仿玫瑰饼的做法制作菊花饼。

华食制作手记：笑东篱

采食用黄菊，洗净晾干水分后加白糖为馅，白面制饼。

二　行香子　桂花露　香米

花露者，李渔说是："富贵之家，则需花露。花露者，摘取花瓣入甑，酝酿而成者也。"王仁裕《开元天宝遗事·花露》里则记"贵妃每宿，酒初消，多苦肺热，尝凌晨独游后苑，傍花树，以手攀枝，口吸花露，藉其露液，润于肺也。"前者近酒，后者似为花蕊之蜜。而花露更多是以蒸馏的方法得来的花中精粹。在古人的文间片羽中，野蔷薇是最为理想的蒸馏花露之材。邹一桂《小山画谱》里说，"野蔷薇，生于坡岸，单瓣五出，圆而缺，香烈，取之烝（蒸）滴成露者是也。"著名食谱《养小录》"诸香露"在"野蔷薇"后强调"此花第一"。

《花镜》也称此花"香最甜"，"人多取蒸作露"。野蔷薇现在城市里不容易寻到，也可以其他花卉替代。

《桐桥倚棹录》卷十记道："花露以沙甑蒸者为贵，吴市多以锡甑。虎丘仰苏楼、静月轩，多释氏，制卖，驰名四远。开瓶香冽，为当世所艳称。其所卖诸露，治肝、胃气则有玫瑰花露；疏肝、牙痛，早桂花露；痢疾、香肌，茉莉花露；祛惊豁痰，野蔷薇露；宽中噎膈，鲜佛手露；气胀心痛。"这些以花入肴，而至养生疗疾的方法，都是古人烂漫中洞彻花性、花理的典范。

华食制作手记：行香子

取秋日新鲜桂花蒸露，备用，花香米（云南广西少数民族用植物花草染的米饭米）泡浸后蒸熟，稍冷却后以桂花露、少些糖霜拌之，捏揉成形，上撒金桂、丹桂，或蜜渍梅子肉。

第四节

冬

一　梅花冻：绿萼梅花　紫薯

冬日的梅自宋以来一直是文人不倦的热爱之物。其孤绝、其寒傲，莫不寓意着风骨高标的人文情怀。梅花自古就可入肴入药，《本草纲目拾遗》中《百花镜》记载："开胃散邪，煮粥食，助清阳之气上升，蒸露点茶，生津止渴，解暑涤烦。"明朝医家李中立在《本草原始合雷公炮制》(又名《本草原始》)中对梅花的功效也有记载："清头目，利肺气，去痰壅滞上热。"

在不同的梅花品类中，绿梅花（又名绿萼梅、白梅花，为蔷薇科植物梅的花蕾），因其"理气而不伤阴"的药用价值，常被制成梅花粥、梅花茶。

华食制作手记：梅花冻

采新鲜初开的绿萼梅花，洗净晾干。经软化后的吉利丁片使用隔水加热的方法使之融化，加入白糖、梅花并充分搅拌均匀，冷却后凝结成块状。紫薯洗净蒸熟捣泥，加入少些黄油充分拌匀后压制成形，取凝结成型的梅花冻覆盖在紫薯泥上。用吉利丁片制作的甜品需冷藏保存，冬日刚好气温较低，梅花冻不易融化，朵朵梅蕊在泛映着紫色的冻中，自有冰雪清趣。

二　醉金翁：南瓜　南瓜粉　青梅子酒

冰寒时节，免不了生发围炉小酌的心念。酒和茶其实也不矛盾。

源自酒心巧克力的灵感，云南大理洱海有许多梅树，春日开花夏末结果，洱海边的居民善于在夏天用青梅子酿酒，还会加入一点冰糖，到了冬日梅子酒微酸带甜，梅子的果香把酒味也熏得柔和温暖起来，因为酒的度数不算高，入口又极是顺滑柔绵，很容易叫人放松警惕。一不小心，还是贪杯，容易醉去。

华食制作手记：醉金翁

新鲜南瓜隔水蒸软捣泥，揉成中空圆团，将少些青梅子酒注入中间然后用南瓜泥封口。冻干南瓜粉上锅干炒熟取出，将制好的南瓜泥丸在粉中滚匀，周身蘸上金黄色的南瓜粉即可。因南瓜本身有甜味，所以不用加糖。

第七章

茶席之香

第一节

草木真天香

茶席上宜用香，但不可夺茶之韵。

成品的单品沉香和合香只要原料地道、天然，香味平和安宁的，都可以在行茶前、行茶中熏染。好的香，会把人的嗅觉完全打开，同时令人心神聚拢，味觉更为敏感，进入到对茶汤的细微体验中。

沉檀龙麝固然是香中名品，但茶事尚朴，除了制成成品的香或一些香料原木，大自然中还有一些植物可以作为更富有趣味的茶席用香。这些香料取材容易，制法也不复杂，清简质朴，较昂贵的香品更为亲近茶的本意。"其香清，若春时晓行山径，所谓草木真天香"。

第二节

岁寒之香：松针

在九华山甘露寺举行"无上清凉云茶会"的那几天，九华山普降细雨，空气湿润而清新。一早去山上，看见满山的松林松针上缀着甘露般的雨珠，采了一枝回来做插花，插完后修剪下的松针放在泥炉边。茶会开始的时候，飘着细细的雨丝，起炭煮泉，偶尔放一簇松针在炉子边缘，木炭慢慢烤出松脂的清香，在湿润的空气中，香气凝聚得长久，整个古木楼都有了山林的气息。

一水间的竹炉边也经常会放一些上山随手采来的松枝，日久枯萎，松针却还是可以时时用来熏烤出香气。明代董若雨曾经发明了一种"非烟香法"，把各种各样的植物的花和叶子放到改良过的博山炉里去蒸。他刊刻了一部专门谈香、品香的书他曾写过一篇《众香评》品评了蒸各种香的感受，其中就有对松针和柏枝的品评：蒸松针，就像夏日坐在瀑布声中，清风徐徐吹来。蒸柏树子，有仙人境界。当然这位在"晓寒楼"中筑梦为生的才子没有忘记将梅花、兰花也蒸一蒸。他说梅花如读郦道元《水经注》，笔墨去人都远；蒸兰花，似展读古画，落穆之中气调高绝。

第三节

茶畔但摘柏子焚

　　《清异录》记载了五代时僧人知足"但摘窗前柏子焚"的典故来由；释知足尝曰"吾身炉也，吾心火也，五戒十善香也，安用沉檀笺乳作梦中戏？"人强之，但摘窗前柏子焚爇，和口者，指为"省便珠"。苏东坡也曾经秋夜独酌，写下"铜炉烧柏子，石鼎煮山药"；贺铸也曾"开门未扫梅花雨，待晚先烧柏子香"。

　　《陈氏香谱》有制作柏子香的方子："柏子实不计多少，带青色未开破者，右以沸汤焯过，酒浸蜜封七日，取出阴干，烧之。"这样制的香味道固然更为中和，户外茶会时，有时也可采新鲜柏子、柏枝来炉边熏烤取香。前年秋月，《云南普洱茶·春夏秋冬》杂志在建水文庙举办十周年纪念茶会，茶席设在文庙崇圣祠前。此地遍植古柏，苍翠如云。时值秋日，熟透的柏子落满草丛中，俯身捡了十来枚饱满又干燥的备起，炉火起来时正好熏得柏子香。

2015 年秋日，第十届"天下赵州"世界禅茶大会在赵州柏林禅寺举办，邀百位席主设百家茶席，持正念与感恩之茶，采自庙中柏树下的柏子、柏枝熏的一缕柏子香，暗和茶意、茶境："遥寄赵州真际从谂禅师，追古佛以励茶心，供清茶以绍佛种。"柏林禅寺主持明海大和尚更为每位席主手书一份"赵州茶席"印可状，正是"一塔耸云天，拈花的旨传，吃茶千载后，华雨满人间"。

第四节

花蜜借香

秋日的茶事，不妨窨一炉桂花蜜香来应和秋日的微醺之聚。

宋人记载：桂花开放至三四分的时候，将花摘下用熟蜜拌润，然后密封于瓷罐中，埋入地下窨藏，一月后即可开坛熏用。这样的取香方法可以花卉、果实、树皮制作，应和不同的时令，将茶事与四季的草木气息巧妙地结合起来。

第八章

文会雅集

第一节

筑境入茶：四季茶会与四时风物

"天气澄和，风物闲美。"陶潜的这几个字放在今日的茶会中，也是最适宜不过的。良辰美景，应时应季是茶会中变幻而永恒的主题。彼时此时，一群怀抱梦想的人以茶为媒，在尘世中朝向唯美的意向与实践，从西园雅集、惠山茶会、重华宫茶宴到九华甘露、峨眉行愿、湖州禅茶大会再到洱海边的"面朝大海，春暖花开"，山水之乐，事茶之美，延续着一分脉传千年的人文情怀。

冬——茶烟茗香，梅影笑颜

寒天冻地之时，温暖的茶汤升腾起乳白的雾气，混合着久酿的蜜花香；炙红的炉火，温烫的泥炉身，偶尔爆起火星子的橄榄炭或龙眼木炭；微凉的茶盏被茶汤唤醒；腊梅

在茶案的一头暗自芳香。这样的场境若入了陈老莲、沈周的笔下，几百年后的人们一样会回味不已。

冬日萧瑟，却更令人生发围炉的念想。闭门煮茶，心里怀想大雪天降，方外皆寒，唯一炉一屋温暖。其实走出门去，一样子可以在强列的风物、天候对比中体会到茶汤的美丽。因为在几年前的冬天闻雪而动，到峨眉山最高处金顶赏雪煮茶，心里留下了白雪皑皑中琥珀色普洱茶汤的绝美，经年未忘。无上清凉云茶会第九次茶会定在峨眉，就与众人商议一定要选在冬日，因为，冬日有梅、有雪。

川中自古有种植蜡梅的历史，每年花开季节，山里的花农折下大枝的腊梅捆成束沿街贩卖，这种奢侈，在其他城市真是罕见的。成都郊区有个"幸福梅岭"，几座矮丘，植梅花、腊梅几千株，是成都人冬日消闲游耍的好去处。峨眉山上古寺林立，古木也极为丰富，桢楠、珙桐、水杉、桫椤在古寺、山径间巍峨千年，苍翠染苔。腊梅的一脉冷香和点点黄蕊在冬日幽致至深，峨眉茶会的用花，当然不做二选。

除了在当地借来些老陶瓷做花器，又设计了腊梅入茶。借鉴的是"三清茶"的典故。此茶最早的传说，见于南宋高宗皇帝赵构在临安以"三清茶"恩赐群臣。到清代"三清茶"是乾隆皇帝亲自搭配并最为喜爱的茶品，乾隆十一年（1746），乾隆帝秋巡五台山，回程走至定兴遇雪，便取雪煎水，帐中与群臣共品三清茶，并赋《三清茶》诗一首："梅花色不妖，佛手香且洁。松实味芳腴，三品殊清绝。烹以折脚铛，沃之承

筐雪。火候辨鱼蟹，鼎烟迭生灭。越瓯泼仙乳，毡庐适禅悦。五蕴净大半，可悟不可说。馥馥兜罗递，活活云浆澈。偓佺遗可餐，林逋赏时别。懒举赵州案，颇笑玉川谲。寒宵听行漏，古月看悬玦。软饱趁几余，敲吟兴无竭。"

旧日的"三清茶"以贡茶为主，佐以梅花、松子、佛手，和雪水冲泡而成，寓意三清。乾隆认为这三种物品皆属清雅之物，以之瀹茶幽香别具。仔细想想更像是一款有花有果实的花果茶，因在峨眉山冲泡此茶，便把底茶改为当地的名茶——竹叶青。

茶会当日，峨嵋山冰雪所融泉水温润清甜，条索匀整的竹叶青先投在盏底，以温润泡法润湿，等茶味发散投入腊梅、松子仁、佛手丝和一小粒冰糖，又再次注水。在伏虎寺的庭院里围坐捧着茶盏，松仁香和腊梅香从水雾里蒸腾起来，竹叶青的气息似乎也真是有了竹的韵味，山、水、茶、花，尽在一盏间。诸般因缘和合，恰好一聚一会。

茶会结束，众人皆散。回头看时，伏虎寺中一片寂静。桫椤古树苍劲挺拔，叶片婆娑含情。我到过？未到过？此山还是此山，古寺仍是古寺，未有丝毫改变。云去云归，方才那一场际会，茶烟茗香，梅影笑颜，须臾已成回忆。

春——面朝大海，春暖花开

春日的茶会，总是无由地想起"面朝大海，春暖花开"这句子，于是在冬日就开始酝酿一次携茶远行。苍山下洱海中的双廊玉矶岛，曾经是一个几十户人家的小岛。因为赵青、杨丽萍的驻足，小岛日渐热闹。有的人前几年就早早在岛上租地筑屋，面海朝山作为梦想小筑，几位画家和音乐人的入住，让这小渔岛多了点艺术味道。老友阿文和她先生安南也是动作最快的人之一，他们的大房子就成了我们一拨朋友们栖息双廊的大本营，也是得以安静举办茶会的良所。

大理的春天本来就温暖也来得早，元宵节前就可以换上薄薄的春服。杏花、梨花、桃花在小岛人家的屋前屋后随意开放，蜜黄的油菜花在低洼的田地上招摇。油菜花被我们用在了茶会中，因为之前课程中有特别讲到油菜花与茶席与千利修的故事，席主们就应时应景地用上了。

在日本，油菜花其实是御供之花又是茶室中的悲哀之花。它是北野天满宫御供菜种，每年 2 月 25 日日本祭奠学问之神菅原道真，都要供奉红梅与白梅，据说古代的供花不是梅花而是油菜花。不起眼的油菜花，是日本审美历史上的一个小事件。茶道大师津田宗及就在茶会中两次插过油菜花，并记录在他的《茶会记》里。而天正十九年，

千利休切腹自杀，在无数种传说之一，他的席位上插的就是油菜花。后来，三千家在利修忌日供奉利休画像，会在铜经筒里插上油菜花。千利休临终前咏叹过一首狂歌："鄙人利修终有报，转世可为菅丞相。"利休对死亡的结局并不甘心，所以日本花道艺术家川濑敏郎固执地认为，"我虽然也曾经怀疑过，但是我现在认为除油菜花之外，无其他可能。"

中国的乾隆皇帝也专门写过赞美油菜花的诗句；"黄萼裳裳绿叶稠，千村欣卜榨新油。爱他生计资民用，不是闲花野草流。"中国文人向来讲究花格、花品，油菜花与名花相去甚远，却因可以惠及百姓而得到乾隆皇帝的赞赏。

朴素、金黄的油菜花插在专门设计烧制的直筒型紫陶花器里，花器是将要苏醒的肥沃土地，花朵饱和热情与实用之美，黄金碎片一样在茶席上闪烁，比其他花朵要生动许多。

洱海边的黄昏与月出是最美的时辰，所以茶会在下午六点开始。海风开始缓和柔软，光线带着温暖的味道，一点点暗下去。天边黛色里混合了紫与蓝，最后成为澄金的轮廓。茶人用双廊本地的土陶罐子点起蜡烛和油灯，在烛光下冲瀹出第一道茶汤。邀请了自由音乐家欢庆做即兴的音乐和吟唱，一支刘禹锡的"竹枝词"用巴蜀口音一遍遍吟唱："杨柳青青江水平，闻郎岸上踏歌声。东边日出西边雨，道是无晴却有晴。"远处的堤岸早已看不见了，谁的爱郎在春天踏响急促的脚步？竹叶舒张，花朵开放，茶汤醇酽，春风熏人醉。面朝大海，原来是这样子"天地俱生，万物以荣"地欢欣着。

茶会前几日，就一遍遍试着让大家体会音乐律动与行茶之间的关联。闭目，倾听屋外的海浪与屋顶的鸟鸣，倾听CD中播放的《竹枝词》，每个人，都要去寻找最适宜自己的律动之音。直到茶会当时，在月色下倾听歌者现场的吟唱。从那些柔软喜悦的面容，我知道，有的人已被无我之我打动了。春日的茶会，可以微醺，带着灵性飞翔。

夏——不忘初心，无上清凉

每一个季节都是有质感的。夏日属于透明、清凉的天青色。

因为要在一个下午冲泡十八款茶，我们在露台的树荫下、五米长的大木桌上设了一个四人连席。"茶多拉的红魔法"活动收集了台湾、福建、安徽、云南、湖南各地最好的红茶，地点选的是距昆明城三十来里的安宁石江书院。

书院不仅有笔墨纸砚还有田地，可耕可读，每年春耕前还要举行"开秧门"的活动，是老习俗，却让人觉得很新鲜。书卷和墨香在庭院书斋中安然如故，老品种的食用玫瑰、蚕豆苗、稻穗在田里自由生长。书院主人给我们摘来一把青翠的稻穗，尖锐而细密的青芒在阳光下闪着银白的光泽，比之前在四周采的野花要有味道。于是把它作为四位席主连席中的主花材。书院中的传统气质、临近田园的农耕文化，是这次茶会所选茶境的重要元素。茶席设计便都纳入其间，一树柳荫下，清风吹来，摇枝动叶，木檺下的月白帐幔飘拂飞扬，便衬托的茶汤的妍红饱满，分外明亮。

红茶的迷人汤色和蜜香是红茶会中最最需要凸现的特色，两位席主都选用厚壁的玻璃盏，既可以尽显澄金红韵，又避免了在户外行茶时茶汤因为风大而散热过快，导致香气尽失的情况。主泡器以天青色调的甜白影青釉面为主，搭配冷色调的锡器，营

造清凉感。因为是带有审评性质的茶会，嘉宾各人也备了茶盏，四位助泡及时分汤，每位嘉宾及席主饮后都在评审表格上写下评审记录，并随时发表对各款茶不同的品感。如此多品种、多人共同参与的茶会其实是非常好的学习机会。

茶会的形式其实不是一个固定的一成不变的模式，我们可以根据不同的茶境、茶品、参与者来随机而灵动地设计。这样才会有更多的趣味，令人在其间感受到茶不同角度的美丽，事茶的乐趣也会由此而增。

另外一次品夏的茶会，选在西山脚下的升庵祠。

西山原名太华山，在明代就有植茶、采茶的历史。民国九年（1920）春云南都督唐滇督唐继尧派员迎请虚云老和尚复兴西山上已荒废了的华亭寺，就是后来的云栖寺。虚云老和尚主持昆明云栖寺修复，同时并参与或主持兴福寺、节竹寺、胜因寺、松隐寺、太华寺、普贤寺等的修复，艰辛操劳长达十余年。"修葺寺宇，重建楼阁，添买田亩，兴办林场，弘扬农禅"。太华茶也就是在那个时候在西山上种植并成为僧人和百姓的日用之饮。后来，太华茶闻名全滇，与十里香茶、宝洪茶同为昆明历史三大名茶。

山下升庵祠曾名碧峤精舍，是当年的状元杨升庵留居云南时的地方。背靠西山，林木荫翳，一树李子满挂枝头，果子圆若翠玉；祠堂前两棵高大的香橼树，传说为杨状元手植。树上也挂着果，夏日里宁静的院落，八席茶正可好在廊下、竹间、花畔错落列开。杨升庵盘桓云南多年，留下的茶话诗思不算少，曾在安宁摩崖石刻地题有"不可不饮"，在此吃茶，不是执着，算是机缘暗合。

夏日炎热，古祠中却清凉可人。十里香茶、滇红、80年代南糯山古树茶一道道冲瀹过来，在西山山泉中演绎出清妙汤质。茶会特别取来山泉冷泡的临沧茶区的娜罕古树茶——娜罕兰韵，让众人以竹瓢取饮，冷香绕齿，回味生津。

还记得茶会结束后，打电话给在因在茶山忙碌而不能参加的好友枝红。枝红说："云南的大山，这里的人们除了茶树其实没有更多可以创收的东西，我们在茶山上，亲眼看着茶农们靠茶吃饭，茶叶有了市场，茶农的收入就多一些，孩子可以去读书，新房子也能盖起来。做茶会可以让更多的人喜欢茶、关注茶，茶农的茶就会好卖，他们的日子也会更好过。"话很朴素，听来却心里感动。"无上清凉"其实并不是一味地雅、静，清凉处其实不可见诸于表象；茶会也不应该是一味私玩，有的时候我们要培养起对茶、对物、对人的恭敬之心，需要一种仪式感，茶会、茶席是构成这种仪式感的枝条，就像那指向月亮的手指一样，眼中的明月才是充满喜乐的圆满。时隔四年，关注茶的人真是多了许多，茶农的生活也发生了很大变化，茶会越来越普遍，但愿我们都不忘初心。

秋——此甘露也，何言荼茗

在大理带游学课程的时候，有一天午后没有我的课，就偷懒在房间躺在床上看书。房间的位置很好，窗外就是无遮无拦的苍山。

书看久了，觉得眼酸，就放眼看向窗外。青山如故，不同的是看见从山尖尖上一条条银亮的痕迹。半响，才反应过来，那是终年积雪的苍山，正在融化的冰雪啊。平时忽略的景象，在这一只窗的界线内突然变得富有意味。那一刻的感觉，真是山独对我语，我独为山默。

传说苍山上有十八条溪流为冰雪所化，细细数了一下，有十四条，另外的四条呢？或许隐在我目光不及的地方，或许在这个角度成为无法直视的潜流。以前曾经多次取过溪水泡茶，感动于其水的温软甜润，利茶的宽厚德性。蓝天之下，冰雪自天而降，积蓄于山巅，融化于暖阳，其间有多少天地灵气，山川情意？在这里生活的人有福，可以尽享这样的天赐之水。曾经听说旧时的大理，夏秋之际有人会专门登山敲冰，把冰块带到城中当作小吃叫卖，一块剔透的冰块盛在碗中，浇一勺糖汁，甜甜的凉凉的融在口中。想想都美，假如那碗还是一只大理特产的手工银碗，此生别无所求。

上课的时候，给大家讲了这段故事。其实是想要分享茶人一颗温柔细微的心。课

程中安排了这样的环节，请当地茶友取了三溪不同的泉水，给大家试泡，体会水与茶的不同交汇。课程结束时的雅集，瀹茶的水也是苍山十八溪之一，那日的茶会在半山上举行，风和日暖，望得见大理城的万千民舍，望得见崇圣寺的金碧屋顶。大家都很专注地泡茶，后来，有同学告诉我："今天泡茶很欢喜。"

这就够了，在她煮水、注水、出汤的时候，是怎样巍峨端丽的交集，为的不就是一分欢喜心？对饮的人，也能从茶汤里体会到这分欢喜，茶会的意义莫过于此。

在对的地方、与对的人一起瀹一壶对的茶，说来并不复杂。晴好的时日，宜人的温度与适度，适合煮水的海拔和气压，适合节令养生的茶品、茶食，万般俱全，再加上几位瀹茶的高手，茶会便可以有了根本根基。中国有那么多美丽的山水、长得那么画意的树木，西园雅集里的场景，应该是国人生活的常态。一天之中光影变化，茶席间的茶与器得自然天光，在不同时辰呈现不同的质感与形态，体会其间种种细微，神游物外，才是中国人吃茶的妙机。有的时候茶会中也会遇到落雨，因为事先已经考虑到，茶席设在屋檐下、古亭里，即可赏雨织如丝之美，又能嗅到雨水里新鲜泥土的味道，还能望茶烟黛青叠涌，更觉茶汤的美妙可口。

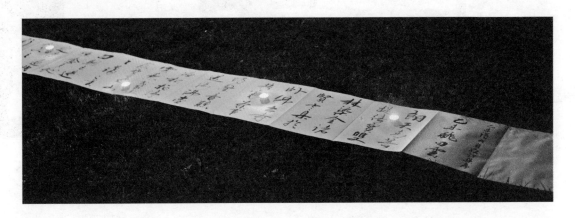

前年的九华山甘露寺茶会便是逢着这样的雨季，甘露寺中有荷、有芭蕉、有木楼，茶会开始，极静。听得见雨滴从屋檐滴落到石板上细碎溅开，山泉在红泥炉上的银壶中微微作松涛之响。甘露寺是九华山四大丛林之一，坐落于九华山北半山腰，原名"甘露庵"，又名"甘露禅林"。清康熙六年（公元1667年），玉琳国师朝礼九华途经此地，赞曰："此地山水环绕，若构兰若，代有高僧。"时居伏虎洞的洞安和尚闻之旋即离洞，并得青阳老田村吴尔俊等人资助破土建寺。动工前夜，满山松针尽挂甘露，人称奇迹，故得"甘露庵"之名。我的茶席取"身如琉璃松间露"为题，想尘世酷热，佛法譬如甘露，可度苦厄；今我辈茶人恭敬事茶，托一瓯清凉在红尘中予人安宁、清静。期冀茶亦可如甘露，润人、润己，观人、观己。君不闻，《宋录》有记"新安王子鸾、豫章王子尚，诣昙济道人于八公山。道人设茶茗，子尚味之，曰：'此甘露也，何言茶茗？'"

　　安然的古木楼、苔绿的天井，静好素朴的席面、茶具、烛光、温暖的笑颜，落入瀹茶者、饮茶人的眼中；若有若无的松针香，注水、出汤之际乳白的水雾挟着纯净的茶香飘至鼻中，是细致的嗅觉体验；雨声、茶鼓声、琴声、箫声，低语的的茶话，一一路过我们的耳边，是递进的事茶音韵，待温热的琥珀色茶汤倾入，玄黑里托起一盏流动之温暖，举盏细啜，清晰感受茶汤从舌尖荡漾，滑下喉咙，温暖至丹田，从味觉之愉悦生发欢喜之心；在茶事的细节、过程里体味茶的流动之美，体味人与境、与人、与器的和悦之趣；方是设席事茶之最终目的，亦是人文茶道之真实践行！四时风物不过借茶会筑境筑梦，你我同醉。

第二节

茶会之礼　方圆规矩

　　吃茶是随兴的事，但却不是随便的事。事茶人和饮茶者都需要各自遵守一定的礼仪，才可以让一场茶事活动在有序、优雅的节奏中共同完成。

　　俗话说"无规矩不成方圆"，在一次茶会中提出规矩让大家理解、默认，并能在茶会过程中身体力行地实践之，不仅仅在茶会中有着重要意义，在我们的日常生活中也会有一定的启发作用。有的时候我们会看到这样的情况；一场由主办者、席主用心策划、设计的茶会，因为事前对嘉宾没有明确的提示，在茶会过程中出现不按时到会、茶会中电话铃声频频响起、大声讨论、用手机拍摄茶席席主等等状况，对茶会现场的氛围造成了很不好的影响。一场本应是静心吃茶的体验变成了喧嚣的茶话会。

　　主办者和席主的心血付之东流，参与者也未能全心融入吃茶的氛围，不可说不是一场遗憾。所以我们提倡在事前做足准备工作，尽量考虑到每个细节及可能出现的意

外状况，并安排专人负责落实。

邀请宾客的时候，我们要向嘉宾提前告知本次茶会的主题、到场时间、着装要求、茶会的大概议程、所用茶品、茶会注意事项等内容。嘉宾也应该仔细看过这些要求，并按要求准备。女士避免施浓妆和用香水，避免唇膏的香气和香水味道干扰茶香；着装切忌暴露和过于紧身，色彩尽量选择明度较低的，不要有过于艳丽的装饰和花哨的图案。若茶会有要求穿着带有传统中式风格的服装，需提前准备，如果实在没有，也可以提前告知组织者，看茶会是否会提供。同样，有统一着装风格要求的茶会组织者也要考虑到嘉宾没有服装的情况，可以提前准备好部分服装做备用。

茶会一般要求嘉宾提前30分钟入场，并预留拍摄照片的时间。嘉宾可以在这个时间段里用相机和手机拍摄茶席，但一定要避免坐到席主座位上、并拿起茶器拍摄，以免发生将茶席作品移位、损坏茶器等事件的发生。在茶会正式开始时，嘉宾应把手机关闭或者静音。在茶会过程中不进行拍摄，专注吃茶，赏读席主行茶的仪态之美。茶会组织者也应该指定专职的摄影师、摄像师记录茶会，并在事后整理发布图片给嘉宾和席主。

当席主开始行茶时，可以先向嘉宾简单介绍茶品的名称、背景以及本次的冲泡方式。对比较有特点的茶品，也可以给大家轮流欣赏一下干茶。但茶汤冲泡出来分好汤后，席主需向大家示意可以品饮了，同时嘉宾也可以微微点头表示谢意，再举杯嗅香、品啜。在茶席上用"扣指"的方式表达谢意我们并不提倡，因为其涵义本不是为茶席所设。

茶席上的每一款茶品都是席主珍藏或甄选出来的，大家都应有惜物敬天的心念，仔细去体会茶汤的美感，体会茶汤在口腔中次第展开的香与甘醇。现在，很多茶人不再使用滤网，以求保留茶叶本真滋味，茶汤中偶尔留存的茶叶沫不会影响茶汤风味。嘉宾面对一款陌生或者有疑问的茶汤，可以向席主轻轻提问，席主也应该仔细而扼要地介绍，把茶品的特性、优点与美中不足的缺点都告知，引导嘉宾认识和体会茶品的特点。每一种茶都是完美的，每一种茶也都是不完美的，如同我们人一样，善与恶并存，勤勉与惰性共舞，发现其间的美与善本身就是一种宽容和理解。

茶会未结束之前，席主和嘉宾都不应无故离席，茶事活动的完整性和完美性一定是由双方来共同圆满的。嘉宾在品饮之余，轻声讨论茶品的特点，赏玩茶器，读解主题茶席的设计之美，给席主带来有益的建议。但不可由于过于兴奋而高声喧哗，避免声浪泛滥到邻席，影响他人，也不应该讨论与茶无干的其他事情，比如八卦他人长短、讨论投资与创业的金钱亏盈等等。生命短促，如果我们连一盏茶的时间也不能留给自己，那人生的负荷如何清减？如何去体会天籁的茶香与自然的箫音？

席主设席事茶，讲究有头有尾。有头说的是在设席之前，除了设计与摆设之外，认真做好准备工作，包括清扫场地、清洁茶器。有尾则是在茶会结束后，要怀抱和茶会之前一样的心情收拾茶器、桌椅，打扫场地。让场地恢复原来模样。特别在户外做茶会，一定不要留下任何垃圾，包括不要乱倒茶叶渣子，可以找泥土松的地方倾倒后让其自然降解。有的席主茶会之前精心插花，给花一个很美的位置，茶会结束后就把花枝随便抛弃在地上，只顾收拾花器。这样的行为都不妥当，茶人应有惜物之心。

第三节

茶会中器物的选择

符合茶性

六大茶类的制作方法不一样，我们要根据不同茶叶的制作方法、特性来加以冲泡，也要根据不同茶类的特点来选择冲泡的器皿、喝茶的茶盏。

常见的茶器中最多见的是陶瓷器物，其次是金属器包括金、银、铁、铜、锡器，还有竹、木类。

陶：一般使用包括瓷土在内的各种矿物黏土来制作，经过 700℃—1000℃的温度烧制而成。经过烧制后的胎体气孔率和吸水率尚高，没有达到瓷化，敲击之声较沉闷。在使用低温陶做主泡器、匀杯和茶盏时，茶汤冷杯底映射的香气单薄。某些矿物或金属含量高的陶器，会令茶汤或清水都有柔和的效果。外观具有古朴低调的风貌，手感虽比瓷器粗糙，但具有稳定安然的气质。

低温陶的茶器一般不建议做为直接与茶汤接触的主泡器、匀杯和茶盏，因其内含

一些微量的矿物质和重金属成分因烧结温度低而可能不稳定，对人体会产生不好的作用。用做水盂、花器、壶承却是无碍。

高温陶的烧结温度在可以在1200℃左右，这个温度下的陶泥结构稳定，声音较低温陶清脆。另外，有的陶器也会施釉，所以陶和瓷并不单纯的以有釉无釉来区分。

作为冲泡器使用最多的宜兴紫砂陶壶、潮州红泥壶、云南紫陶壶、广西坭兴陶，均采用本地泥料、矿土作为原料，内含矿物质成分有所不同，烧制后的分子结构和气孔结构也不一样。制作中的手法各地有其传统的做法，如紫砂打泥片成型、潮州红泥手拉坯成型，云南紫陶和广西坭兴陶手工拉坯、修坯后成型又经刻填而后烧制，都从泥料和制作方法上形成不同的风格，适合不同的茶叶。

一般来说泥土里面矿物质成分与本土茶叶种植地的矿物质成分有区域性的接近度，所以在冲泡茶叶期间，会发现更利于汤感的个性表现。在一水间经过长时间的对比冲泡，总结了一点经验。

紫砂壶在根据茶叶的情况，采用正常水温或降低水温冲泡江浙一代的绿茶，茶汤要较瓷盖碗冲泡的更有厚滑度，也更饱满。

潮州红泥壶在冲泡单枞时，小壶、高温，能非常好的表现茶叶的张力和茶叶的品种香。

云南紫陶最后采用传统"无釉抛光"的方法，令陶器外部和内壁的分子结构不一样，形成内透外封的茶汤环境使茶汤活性增加。冲泡普洱茶生茶和熟茶都能增加茶汤的厚滑程度，令果胶质和其他水浸出物充分溶出。

而小型的（容积100CC左右）紫砂壶、潮州红泥壶、云南紫陶壶冲泡有年份的岩茶和有年份的、传统方法制作的铁观音，茶汤都能饱满迷人，香气虽然稍有差别，但各有特点。

年份较新的乌龙茶更适合瓷质的盖碗冲泡。

韩国和日本的陶器亦是冲泡当地的绿茶最好良伴，日本玉露、煎茶、番茶都是蒸青的方式制作，个人经验用日本的六大古窑的陶质茶器冲泡汤感温润。

韩国的茶器朴素安静，继高丽青瓷的妍丽滋媚之后，李朝陶瓷的自然厚朴一直沿袭，在韩国茶人常用的茶器里的"水汩"，类似于匀杯但比匀杯大，起到降低水温的作用，所泡茶汤与安静平和气韵一致。

瓷： 瓷器使用的是氧化铝含量较高的瓷土即高岭土烧制，烧成温度至少在1100℃以上，胎泥基本瓷化，气孔率和吸水率较低，表层经过釉水覆盖，气孔率和吸水率较低。作为品杯使用时，能较好地把茶汤的香气留驻在茶汤里，饮完之后，也能视茶叶的品质特点，把冷杯香凝聚在杯子内壁里一段时间。

瓷器的壶也是作为冲泡器较好的选择，瓷壶的气孔率和吸水率低，不容易残留冲泡过的茶叶余味，不影响下一个茶品的冲瀹。甜白釉、影青釉、白釉等釉水的瓷器，色泽上对茶汤的影响不大，适用多种茶类，也是茶席上较好搭配的茶器。从视觉上对汤色评鉴有直接的辅助作用，从对不同茶品的个性口感有客观的映射。

色泽较深的品杯对茶汤的观察和审美有一定的不便，适合注重表现汤味浓郁、香气清扬的茶品。

金、银器：金银器物导热较快，在作为直接器物与口、唇和手接触时，如遇需要温度较高之水温冲泡出来的茶汤并不方便饮用，所以在古代常作为酒器的材料，古代即使温过的酒亦不超过 40℃左右，可以日常适用之器。作为品饮器和冲泡器时，需要在设计上有一定的特殊处理，譬如与木、竹编、藤编、漆器结合，让直接接触的部位温度适合茶人操作和品啜时不烫口。

作为煮水器，金、银对水质有一定的净化改善作用。并且因为自重比较轻巧，使用时不会增加手臂手指的负担，更利于行茶者对行茶动作的把握。作为茶则、茶匙时，不容易滋生细菌，设计得当，有贵而不富的气质，也是耐用和值得使用长久的茶器。

铁器：常见的好用的铁壶，对原材料和翻铸工艺的要求比较高，壶壁较厚导致自身重量过重的壶，会加重行茶人的手腕、手臂负担。铁质达不到茶器要求的壶，煮出的水可能达不到预想的效果，虽然可以提高水温，但会令茶汤硬涩，过重的分量，会影响到注水的力度，水线的稳定性，也会对茶汤造成影响。

铁质的杯子虽然有的商家宣传可以补充铁质，未见检测证明。过厚的壁和口沿并不利于饮用和审美。

近年来一些工匠用铁外原材料手工制作壶承、盏托等茶席辅助物却很实用，携带到户外不易破碎，也令茶席上的质材更为丰富，具有质感、肌理的变化和对比之美。

锡器：古代作为酒器的主要材料，锡罐、壶、杯都是适合低温或干燥的容器。锡的稳定性差、熔点低，在一定高温和低温下就会发生改变。更适合作为茶叶储存罐、盏托及茶席的其他辅助器物，一些古老的锡器表面发黑，是因早期冶炼技术的限制，锡的纯度不够，含有铅或其他物质。现在高纯度精锡稳定行较好，但在使用过程里也要注意因茶渍清洁不当而氧化生斑。

顺应季节

不同的盖碗、紫砂壶、瓷壶不仅适合不同的茶叶，也适宜在不同的季节才能发挥它最恰到好处的功能。不同的茶盏、紫砂、青瓷、天目盏、青花、紫陶也是适宜于不同的茶汤，不同的季节。

第四节

茶会宜选之茶

茶和人一样，最宜中正平和，做人行茶如是，择茶亦如是。

一　原料好（茶树的生长环境好、无农药化肥、无过度采摘）

茶树所生长的地域和种植过程中的采用的管理方法对成品茶叶有直接关联。茶树有其适植性，不同地方生长的茶叶因为土壤结构、气候条件、海拔高低的不同会直接作用于茶叶的品质和风味。比如 80 年代末云南的大叶种茶叶曾经移植到海南等其他省份种植，经过几年后的理化分析，发现内涵物质和在本土种植的有差异性。而福建一带的小叶种茶移植到云南种植，几年以后茶叶的风味和茶汤浓强度都带有一定云南茶的特征。即使是海拔、气候条件比较相近的不同地区，同样品种的茶树移植过去种植出来，茶叶风味和内涵物质依然有区别。

茶树在种植过程中的管理，也会因地方习惯、企业习惯和茶农个人习惯而不同。

有的密植条栽茶园，因茶树间距和行距都较紧密，容易引起病虫害，茶农避免不了要施用农药；有的灌木型茶树根系不够发达，在土壤里吸收到的营养物质和矿物质有限，为提高产量，也促成施用各类肥料的原因。这些情况在各个茶区都见到过，一般来说在采摘前一定的时间段施用化肥农药后，经过消减，茶叶基本还是安全的，假如出现施用化肥农药后即开始采摘，茶叶里会含较多的遗留成分，不仅口感受到影响，比如出现麻、苦、叮、辣口的现象，茶叶本身应该具有的健康养生的实质也会受到影响。

过度采摘的茶叶，茶叶在生长过程里得不到修复期，制成的茶叶内涵物质不够丰富，降低了茶汤的审美价值；茶会或日常饮茶都应该首先选择安全的、具有品鉴价值和美感的茶。

二 制作工艺好（加工工艺好、生产地卫生条件好）

传统工艺是经过若干年、若干制茶人和品鉴人共同认可，并传承下来的，比较符合不同茶类的适制特点。

有的所谓新工艺或者新品类的茶叶，追求新奇的口感和外观视觉，比如轻揉捻的普洱茶，制作成生饼以后，当年饮用有一定的特点，香气清锐，苦涩度底。但在存放几年后出现汤感淡薄的现象，就是因为在粗制工艺是叶细胞破壁不够全面，茶汁渗出少，后期与空气接触时的氧化作用不够，达不到普洱茶特有越陈越香的评鉴特点。而粗制时重揉捻的茶叶，新茶时苦涩味道会比较明显，因为普洱茶的最佳品饮状态就不是新茶阶段。有的黑茶采用新的菌种引进发花技术，新的茶砖就能见到明显的"金花"，但开汤后会发现，茶汤口感单一，并不是历史上自然条件下出现"金花"阶段的丰富口感。所以我们要理解这个过程里出现的合理变化，知晓每个茶类应具备的特质，才能接纳不同时期的变化，懂得掌握茶叶最好、最适饮的时期。

对于任何一个茶区或茶叶种类，工艺要具有科学性，并且经过时间和一定历史口感的验证。

三　存储好（后期的仓储条件好，无高温高湿，无异味，无霉变）

从某种意义上来讲，存储是赋予茶叶不同风格、个性的一个重要客观条件。一般观念里适合存放后喝的茶如普洱茶、茯砖、六堡、岩茶、乌龙茶在不同温湿度的地区，保存下来的茶叶外观、汤色、滋味都有差异。偶尔能找到存放时间较长的红茶、绿茶标本，同样也会出现此种差异。对于普洱茶来说，绝对的干仓和湿仓其实都会使茶叶发生偏颇表现，客观地看待仓储所带来的正常或非正常的变化，通过对冲实践，找到正常与非正常的临界点和适合大多数人的口感，是确定仓储条件的线索，也是判断买到的茶品是否安全、是否损失茶叶真味的关键。

对于故意在仓储中通过人为手段让茶叶迅速变"老"，或者让变质的茶叶"恢复"卖相，对茶是不尊重，对人更是有害无益。

清代的小说《镜花缘》就有一段关于古代对陈茶造新的披露："吴门也有数百家以泡过茶叶晒干，妄加药料制造，竟与新茶无二。所用药料：熟石膏雌黄、青鱼胆、花青、柏枝汁等，泡制之茶，其色艳、其味香、其性淫，若饮之，则患涨满、作酸、呕吐、腹痛等症。"通过人工手段把陈茶熏染得看似新茶，实为不良谋利之举。虽"天下熙熙皆为利来，天下攘攘皆为利往"，但还是利从义来，比较安稳妥当，茶行业的人，谋的是别人直接入口入腹换得的利润，实在是应该自律。

四 淡茶（投茶量：一般盖碗、紫砂壶视其容量投 8—10 克 ）

喝茶也会上瘾，一般初喝的人接受不了较为浓烈的茶汤，但慢慢口味会加重，投茶量也随之加大，特别是嗜好烟酒的男士，对茶汤的浓强会加倍需求。茶叶富含多种有益物质，但也有咖啡因等刺激性物质，困倦时喝茶会觉得提神，就是咖啡因在起作用。

茶叶是一种植物、一种食品，任何食品如果过量摄入对身体都会形成负担，茶叶也是如此。所以应该饮而有度。每天的饮用茶汤不宜过多，而且要根据自己的身体条件来适量饮用，一味贪杯，短时间可能平安无事，长期下来也会损坏到健康。同样是《镜花缘》里就有关于茶痨的记载，书中的紫琼道："若以其性而论：除明目止渴之外，一无好处。《本草》言：常食去人脂，令人瘦。倘嗜茶太过，莫不百病丛生。家父所著《茶诫》，亦是劝人少饮为贵；并且常戒妹子云：'多饮不如少饮，少饮不如不饮。况近来真茶渐少，假茶日多；即使真茶，若贪饮无度，早晚不离，到了后来，未有不元气暗损，精血渐消；或成痰饮，或成痞胀，或成痿痹，或成疝瘕；余如成洞泻，成呕逆，以及腹痛、黄瘦种种内伤，皆茶之为害，而人不知，虽病不悔。'"故事里的话是说得严重，但道理是不假的。

《唐五代笔记小说选》中的《续搜神记》有个故事："有人因病能饮茗一斛二斗，有客劝饮，过五升，遂吐一物，形如牛胰。置柈中，以茗浇之，容一斛二斗。客云："此名茗瘕。"虽然有志怪小说的吓人处，但也从另一个方面体现了古人对茶叶的适用度也是早有了解。

中医认为人的体质有燥热、虚寒之别，而茶叶经过不同的制作工艺也有凉性及温性之分，所以不同体质的人饮茶要有区别。新茶中的多酚类、醛类及醇类等物质未经氧化，对人的胃肠黏膜有较强的刺激作用。所以新茶宜少喝，存放不足半个月的新茶更应忌喝。人文茶道里讲到的茶席中的人文关怀，很重要的一个部分就是和他人同饮时应该怎么喝茶、喝多少茶、喝什么茶一定要体察喝茶人的身体条件来界定，而不是一味按照茶人自己的喜好来行茶。

适当的投茶量，每天适当的茶汤摄入，在适当的时间段饮用，才会使我们充分保持味觉、嗅觉的敏锐，领会到茶汤的美感；也才会达到以茶养生的目的，最后达到在茶中得享闲情、得悟静安之道的正途。

五　顺应季节与地域特点

不仅人的身体在不同季节需要不同的茶汤滋养，大自然季节的变化是给万物修养生息而后又生机勃发的循环，是无形而科学的规律。是在春天唤醒身体的困倦，还是在冬夜安抚镇定身体，茶叶选择错误了，可能会令人的生物状态违背自然规律。

和人一样，不同的茶器，如盖碗、紫砂壶、瓷壶不仅适合不同的茶叶，也适宜在不同的季节才能发挥它最恰到好处的功能。常见的茶盏材质，紫砂、青瓷、天目盏、青花、紫陶在不同季节、气候不同的地区会有不同表现，云南的海拔高，水的沸点低，烧开的水温仅95℃左右，冲泡出来的茶汤基本上分到杯子里就可直接饮用。而到了海拔低的地方，武夷山、广州，甚至山西、河南，我们会发现，同样的注水手法和浸泡时间，茶汤倾倒到茶盏里，举到唇边还是很烫口，这时候就不能选择胎泥太薄的、金属的茶盏，避免在端杯时饮用不便。我在武夷山使用过银杯，发现连端起来都极为烫手。

当地人一般多使用白瓷、青花的茶盏，薄胎的较少。

敞口和阔口的杯型更适合低海拔地区夏、秋季常温下使用。高身筒和樽型盏利于保温，适合高海拔地区春、冬使用。不同季节气温差异，冬天没有暖气和空调的地方，杯子在未用时是冷却状态，更需要温杯这个环节，提高盏温，保持茶汤的温度和风味。

第五节

茶事空间中的光影运用

文似看山不喜平，茶事审美和读书看画一样。光影为我们展现的是一个立体的空间，让我们的眼睛看到超越平常之美感。在幽暗微光里细细回味器物的质感，在逆光的角度用眼睛抚摸光所勾勒的轮廓线条，是东方审美中独特的趣味所在。

一个茶会地点的选择，除了场地的空间容纳度、装饰的美观度外，还应该考虑到光线将会赋予茶席的神奇作用。白天，最美且自然的光线是自然光。天空有云，形成地面明亮或者阴翳的不同；地面上有树木、山石，使得树下、山畔有斑驳生动的投影。户外茶会利用这些自然的光影，让茶席一天不同的时间段都有变化，器物的受光面和背光面随光线的转移，随时出现美妙的不同质感和形态；茶汤在顺光和逆光中显现饱满的或是平淡的色泽，细赏其间种种都有着无尽的乐趣。

室内的茶席位置，如果能有光线投入其间，茶席会"活"起来，借光借景。中国

古代居室讲究藏风纳气，窗口一般偏小。但明代很多吃茶的居室或者茶寮，窗户却阔大敞亮，可以明白地看到窗外的梧桐、芭蕉，甚至远山。吃茶之际，似与山水对坐。所以，如果户外风景绝佳，我们不妨选择临窗的侧位，席主背窗而坐事茶，人物轮廓与茶汤都有唯美的光线勾勒之妙。嘉宾面窗把盏，抬头可见青山，低首又嗅春水，确是妙境妙饮。即使是夜晚或者阴天，灯光也尽量柔和温暖，一束射灯照耀下的茶汤，总不如温暖的暖色灯光下来得舒服，后者更接近我们儿时或者更远一些岁月的光线，更具自然之味。

　　茶是舒服自然的，和它相关的事物也最宜自然，不着痕迹的营造最难也是最值得学习的。

第六节

安住与坐忘

时值春月。古人云，"春三月，是谓发陈，天地具生，万物以荣"。想象一下，今天我们如果不是各自呆在家中捧卷阅读，而是在一个月光明亮的小岛上围坐，小岛寂静，春风荡漾，涛声阵阵，不远处桃红李白，这个时候我们生一炉炭，煮一碗茶，这该是一件多么美的事情啊！在这个画面里面，我们可以发现，茶是一个非常重要的因素。如果这是一幅画，茶是画眼；如果这是一篇文，茶是文心；如果这是一首诗，茶是诗心。茶和其他诗文有所不同，它承载了人文和自然的双重责任。

"安住"是茶人在事茶过程中专注的法门，"坐忘"是从"入"到"出离"再到"物我两忘"的至高境界。茶空间，是帮助我们进入茶境、茶心的外在手段，里面的一花一木、一杯一壶，都是帮助我们去接近茶的本质，去接近善与美的一个途径。我们在一席茶间安住，就是想和大家一起探讨茶道美学、茶空间美学构成的意义以及茶席设计的意义所在。

"茶道美学"中最可贵的是它的人性之美和善之美。朱熹有首诗："半亩方塘一鉴开，天光云影共徘徊。问渠那得清如许？为有源头活水来。"诗句里边的"半亩方塘、源头活水"是最能给我们启发的。茶席、茶空间其实就是我们的"半亩方塘"；"天光云影"是茶人在城市间怀抱梦想、遇风而行的至柔壮气，也是我们脚踏实地、经行体悟的践行身影，人都有一个共性，对美好的事物会生发欣赏和热爱的心理。

　　想象一下，一个从未接触过茶，或对喝茶只有一个初步了解的人，觉得茶是生活中可有可无的事情，但如果在某一个时间节点，当他有一天踏进一个茶空间，看见里面的花花草草、看到里面的字画、听到里面的音乐，看到里面的茶人正在专注的布一席茶。一张精致细长的茶桌、一条质地细腻的席布，茶人手里托着一只小壶，金黄剔透的茶汤从壶注入匀杯，混合着野花和蜂蜜的香甜气息在茶雾中慢慢散开，茶人专注的把茶汤奉给你，你把杯子举起来，清嗅茶香再品茶汤，偶然间安抬头看见对面精致的花瓶或许清供着一支竹，又或许是几支野花，耳边有悠然的古琴声……

　　此时，顺口而下的茶汤不仅仅是感观体会，而会有因境而生的心神之美。这个人也许就会被茶人对茶的爱和专注而感动。他看到茶人在这样一个红尘中安守一方天地、安守一方茶席，小心翼翼爱护每一件茶器，只是为了不辜负土地、农民以及一片茶叶，把茶汤诚心奉献给你，奉献出最美的滋味。

　　很多时候，外在的形式感是最直观的审美方式，我们往往缺乏慧眼，会被外象所牵引，才去接近它、接受它并逐渐知晓它的本质。如果茶空间、茶席能够担当这样一个外象，让我们能够爱上茶、爱上茶生活、爱上善与美的生活，那茶席的意义善莫大焉。抛却茶席的外在美，最重要的还有它的内在美，这个内在美就在茶人的心底。对茶人来说，生一炉炭、煎一壶水、布一张席，这过程就像甘泉滋养着我们，回味无穷。其中的惜物、敬天、爱人、爱己，是我们在这个过程最有意义的回报。我们常说，月亮一直就在那个地方，我们需要的是手指或是树枝都不重要，重要的是它能够指引我们的双眼看到那一轮明月，那么茶就在那个地方，茶席就是承载茶之初心本味的"源头活水"，也是承载茶人内求、内省的"半亩方塘"。

什么是物之美？我们在行茶事茶中是通过器物来观照自然、观照内心、观照自我。事茶本就是件简单的事情，千百年来，百姓就是如此简单的吃茶、朴素的生活。当然吃茶也可以是件很讲究的事情。从法门寺地宫出土的精美茶器中，我们不难看出在当时茶的地位是何等奢华尊贵。这些精美绝伦的茶器经过千百年的沉睡，从泥土中苏醒过来之后依旧如此精美而有灵性。

茶里的百态是因为人有分别之心。同样的茶汤，在不同的时代、不同的人手里、不同的心境下品饮，其实折射了太多不同的境况。我们如何从器物间来观照自然、观照自我？其实是我们心境、茶境不断进步的内显。

近年来茶风盛行，茶会、茶席在大江南北普遍起来，这是件非常好的事情，不仅让茶人有了一席之地，呈现吃茶之美，也让更多没有接触过茶的人，通过这样一股茶风，看到茶之美，对美好事物、美好生活方式心生向往。现在我们在茶席上所用的干泡法，是以席面简单、整洁、方便、实用为特点；另一个特点是节约用水，省去了养壶、养茶宠的琐碎之事，让我们的席面变得简洁。

席布可以随心情和季节而换，茶席中的主题设计是最有意思也是最具人文气息的环节，跟茶人的人文情怀和浪漫主义相宜，茶席间的天地就变得开阔起来了，这个天地中有清风一般高逸的灵性、有泥土一样本真的朴拙、也有像画卷一样可以抒写寄意的留白，就是这个留白，让茶人有了前所未有的创作空间。茶人在此已不再是一个单纯的茶人，他可能是一位茶汤艺术家、是一位平面设计师，还可能是一位文人。当我们正在具备或已经具备这些能力，那我们在进行茶席的理解和设计创作的时候，已经能生发出许多小火花和念头了。

有时候我们会用一块平凡的、带有岁月沧桑感的木块，将其洗净擦干，用木块上面风化的纹理、天然的凹凸来对比紫砂壶、对应老茶的岁月陈香感，这种纹理必须要你安坐下，手握茶盏才能读得到的片段。当然，也可以用一只精致的带有明式家具风格的紫檀纹盘来做壶承，但它在席上一定是低调的、沉默的，我们说无论是行富贵还是行清贫，都应做到不露痕迹，因为在茶空间里面，它们都只是茶的配角。

我们可以减去精巧的茶匙，就用一支细竹或梅枝来代替；可以用淡黄的手工棉纸来包放茶叶，减去描金的茶罐；可以把印满图案和花朵的席布撤掉，换成一张素白干净的席布，等待阳光将树枝照印在席布上，形成一幅天然的画卷。在这样一个转瞬即逝的光阴图画里，我们更能体会一期一会的心境，更接近茶心，更能细嗅内心的茶味。让我们的身体在心之外御风而行。本来无一物，何处惹尘埃，席如是，茶如是，茶人是安坐在席间的，可能是一棵茶树，也可能是一粒石子。

有时，可以通过音乐来启发我们对茶席的稳定感和安住感，音乐的律动和人的心是相连的。喜悦的音乐、哀伤的音乐，它给人不同的指引，让人进入不同的境况。

"安住"，是指茶人对茶的态度、在行茶过程中专注的践行。专注表现在对茶、对物、对人的敬重，践行表现在"洁""雅""静""真""美"。在茶里的"安住"是惜茶、与茶修行中的第一个阶段，第二个阶段是"坐忘"。

"坐忘"出自《庄子·大宗师》，"堕肢体，黜聪明，离形去知，同于大通，此谓'坐忘'"。意思就是，沉入于忘我的境界，摆脱聪明和技巧之心的束缚，忘记外界一切事物，甚至忘记自身形体的存在，达到与"大道"相合为一的得道境界。作为道家的理论精髓，对中国很多方面都有一定的影响，对于茶道而言，泡茶喝茶应做到心如止水，才能和自然达到一个相融相通的状态。于茶人而言，"坐忘"并不仅是道家的理论，也不是逃避，是我们对生命主体的把握，对生命本质的认知。

第七节

茶人四心

得心应手：一个刚开始学习茶叶冲泡的新手，一定会紧张，手落在盖碗的何处，茶汤应从哪个点出，如何做到滴水不漏，如何做到不烫手，开始学习的时候泡茶者一定会紧紧盯着盖碗，经过千百次的训练，他泡茶会变得熟练顺手，对于泡茶，哪怕不用眼，也能做到了然于心，这便是得心应手。

随心而动：在很多初阶班教学中我们不难发现，许多茶人在进行泡茶时，需要提示先动眼再动手，这说明手比心慢。经过几天的学习反复练习，心中已经知道下一步该做什么，手能随心支配，这就是随心而动。就像我们的新手开始学习烧水泡茶时，总会扭头去看置在炉子上的壶，看壶嘴是否开始冒烟，水是否快要烧开。对于一个熟练的茶人来说，无需扭头用眼观察，用耳朵用心就可觉察，在安静的地方煮茶煎水，茶人的耳朵会变得尤其敏感，听到松涛之声如潮汐般滚滚而来，不看也知道那定是水开了，手顺势过去提壶注水，这一切都是如此自然。

处处用心：刚开始设计茶席或是茶空间的时候，每个物件都会精挑细选，可能会花昂贵的价钱去购置一些精美的器具，或是亲自动手制作一些茶道用具来装饰自己的茶席及空间，这个过程可说是处处用心。

处处无心：每个物件都是细心摆放，想泡出好的茶汤，但是到了后来，我们提倡的是处处无心。当你已经了解了事物的精髓，了解了自己的心，哪怕用最简单的茶器，设最简单的席面，依然可以泡出最完美的茶汤，这时就已经达到了"坐忘"的境界，把握了茶的核心与本质，你就能舍弃许多不必要的华丽与装饰，留下最核心的部分，到后面就能达到忘器、忘茶、忘他、忘我的状态。

我们不再纠结于器的好坏，不再纠结于茶的贵贱，随心而动，能够准确的选择和把握它。忘他是指忘掉对面坐的这位茶客，无论他是贫民还是高官，无论他是长者还是孩童，奉出本真的茶汤。最后是忘我，有时候我们在提壶出汤的时候脑袋一片空白，不再注意我们的表情是否完美、不再注意我们的手势是否优雅，不再在意旁边拍照的人是否找对角度，这时的忘我其实已经是你最美、最专注的时刻。

我们开始在一席茶间的安住就是为了后来的坐忘，最后达到是茶非茶，忘他忘我的境界，这就是茶的常态，是美与善的常态，这便是我们追寻的最终意义。

后 记

茶是一个安静的事物。

若干年后，当我们走到一个城市，福州、昆明或者杭州，看见几家洋溢茶香的百年老店；偶尔在山野遇见一处宁静的茶寮，一个孤独微笑的事茶人；翻开一本书，读到几页关于茶的文字，而那些写字的人早已远去，传世的器皿依然有温度，传世的茶香不可察觉，却奇妙可循。

远离关于茶的融资链条与无谓喧嚣，茶农依旧一代代做茶，茶树依旧在山间一春春生发，茶人依旧在灯下等候水沸。普通百姓的家中，下班回家的父亲和母亲在饭后聊着家常，泡好了一壶茶，一枝梅花插在茶案头的瓶中，那是母亲在黄昏时分从花园里剪下来的。

那么，那是茶之美深入一个民族骨髓的时候。

而我愿意依旧提着茶箱，跋山涉水去会一位老友。